눈으로 배우는 수학

어린이클럽 편저 ┃ 시미즈 요시노리 감수

이너북 주니어
INNERBOOK

눈으로 배우는 수학

차 례

이 책은 '1. 흥미로운 입체 도형', '2. 신기한 평면 도형', '3. 길이와 양 그리고 측정', '4. 수와 비의 아름다움' 등 네 파트로 구성된다.

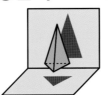

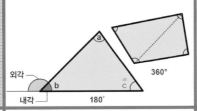

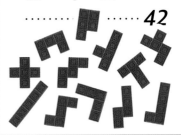

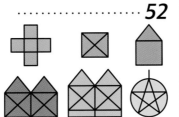

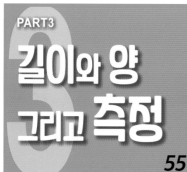
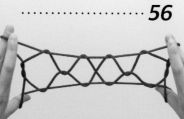

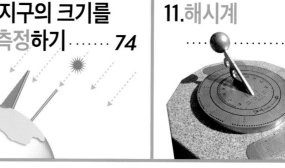

4

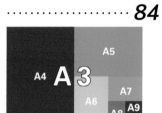

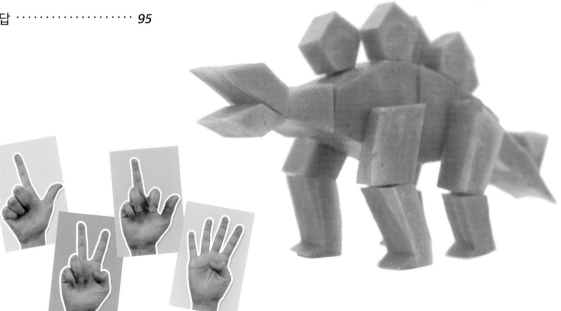

머리말

싫어하는 과목 1위는 수학

초등학생의 학습에 관한 조사에서 '싫어하는 과목' 으로 수학이 1위로 꼽혔습니다. 최근에 '수학이 싫어. 지긋지긋해.' 라고 말하는 어린이가 늘어났다는 사실은 여러 조사를 통해 잘 알려져 있습니다.

그 커다란 이유는 수학이 공부하는 데 걸림돌이 많은 과목이라는 사실을 들 수 있습니다.

'구구단' 을 좀처럼 외우기 힘들다는 어린이는 의외로 많습니다. 왜 외우지 못할까요? '연습하면 반드시 외울 수 있을 거야.' 라는 말을 들으면 더 외우기 싫어지는 법입니다. 숫자를 보는 것만으로도 머리가 아프다는 어린이도 있습니다.

이처럼 도중에 걸림돌이 생겨서 뭐가 뭔지 모르게 되면 더 이상 앞으로 나아가지 못하고 수학을 싫어하게 되어버립니다…….

수학에서 걸림돌은 꽤 많습니다. 받아올림, 받아내림, 분수, 비율…….

수학이라는 과목은 초등학교 1학년부터 6학년까지 내용과 단원이 쭉 이어져 있기 때문에 한번 삐끗하면 점점 어려워집니다. 그러므로 한번 이해하지 못한 채 넘어가면 계속 어려워지고 수학을 쉽게 포기하고 맙니다.

수학 책처럼 보이지는 않지만

그러면 여기서 문제.

요즘 들어 살이 쪄서 허리띠 구멍을 하나 헐렁하게 풀었다면(허리가 약 3cm 늘었다.) 그 사람의 배는 얼마나 나온 것일까요?

지구가 완전히 둥글고 그 지구의 적도에 끈을 둘렀을 때, 그 끈을 1m만 길게 늘이면 헐렁해진 끈은 지면에서 얼마만큼 떨어지게 될까요? (→p.58).

★

축구공을 잘 살펴보면 정오각형과 정육각형으로 짜 맞춰졌다는 사실을 알

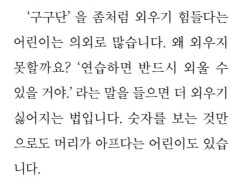

수 있는데, 각각 몇 장씩일까?(→p.16)

가느다란 파이프와 굵은 파이프가 있습니다. 가느다란 파이프의 바깥지름과 굵은 파이프의 안지름이 같을 때, 가느다란 파이프를 굵은 파이프에 넣을 수 있을까요?(→p.60)

이 책은 이런 문제를 즐길 수 있도록 만든 책입니다. 《눈으로 배우는 수학》이라는 제목이 붙어 있지만 수학 책처럼 보이지 않을지도 모릅니다. 이 책을 기획한 배경에는 위에서 적었듯이 수학을 싫어하는 어린이가 늘어나는 상황에서 조금이나마 더 많은 어린이에게 수학의 즐거움을 전해주고 싶다는 바람이 자리하고 있습니다.

재미있는 읽을거리로 즐기기를!

크리스털을 세계에서 구에 가장 가깝게 만드는 장인의 이야기(→p.15), 구슬과 볼링공이 바닥에 닿는 면적에 관한 이야기(→p.11), 마방진(→p.90), 피보나치수열에 관한 이야기(→p.86) 등, 이 책에는 재미있는 이야기가 잔뜩 들어 있습니다. 그냥 눈으로만 읽지 말고 스스로 생각하면서 읽으면, 꽤 오랜 시간 동안 즐길 수 있을 것입니다.

독자가 수학을 공부하다가 어려움에 부딪혔을 때 이 책을 펼치고 '이것도 수학이야. 수학은 참 재미있구나.' 하고 느낀다면 이 책은 대성공입니다.

그리고 독자 스스로 이 책에 실려 있는 방법들을 실천한다면 수학을 싫어하는 어린이도 수학을 즐겁게 배울 수 있으며 수학적 사고력을 키워줄 것입니다.

일상생활 속에 있는 '진주'(→p.11)를 찾거나, 펜토미노(→p.42) 또는 탱그램(→p.40)을 만들면서 놀아보지 않을래요?

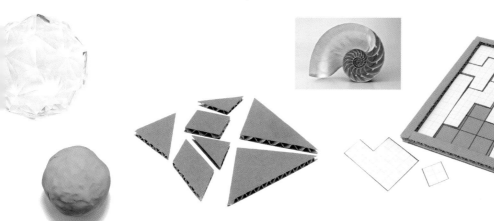

이 책을 보는 법

이 책에서는 수학과 관련된 각 항목을 두 페이지마다 하나씩 싣고 상세히 설명한다.

주제
각 페이지에 실려 있는 수학의 주제. '입체 도형', '평면 도형', '길이와 양 그리고 측정', '수와 비' 등 네 가지로 나뉜다.

핵심
그림과 사진에 관해 이해하기 쉽게 설명한다.

문제
수학적인 사고를 단련하는 퀴즈를 출제한다.

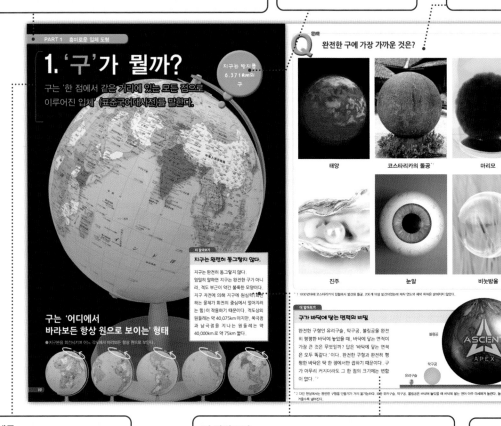

제목
각 항목에서 소개하는 내용에 관해 간단히 설명한다.

더 알아보기
그 페이지에서 다루는 내용과 관련해서, 더욱 전문적인 내용이나 함께 알아보면 좋을 듯한 내용을 소개한다.

관련 페이지
→로 관련 페이지를 표시한다.

주변의 물건을 이용해서 눈과 손과 머리로 즐길 수 있는 '수학 공작'을 소개한다.

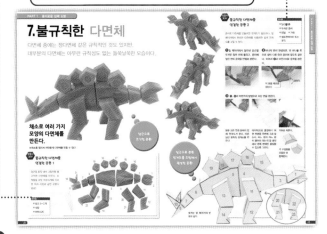

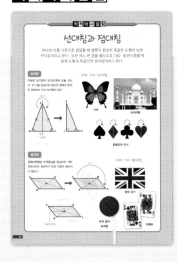

알아두면 수
을 더욱 잘 (
할 수 있는 친
한 정보를 소
한다.

PART1

흥미로운 입체 도형

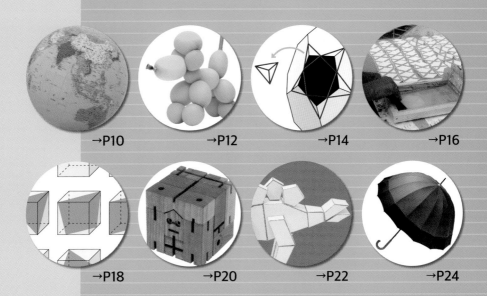

→P10 →P12 →P14 →P16

→P18 →P20 →P22 →P24

1. '구'가 뭘까?

지구는 반지름 6,371km의 구

구는 '한 점에서 같은 거리에 있는 모든 점으로 이루어진 입체' (표준국어대사전)를 말한다.

지구는 완전히 동그랗지 않다.

지구는 완전히 동그랗지 않다. 엄밀히 말하면 지구는 완전한 구가 아니라, 적도 부근이 약간 불룩한 모양이다. 지구 자전에 의해 지구에 원심력(회전하는 물체가 회전의 중심에서 멀어지려는 힘)이 작용하기 때문이다. 적도상의 원둘레는 약 40,075km 이지만, 북극점과 남극점을 지나는 원둘레는 약 40,000km로 약 75km 짧다.

구는 '어디에서 바라보든 항상 원으로 보이는' 형태

● 지구본을 회전시키며 어느 각도에서 바라보든 항상 원으로 보인다.

문제

완전한 구에 가장 가까운 것은?

태양

코스타리카의 돌공[1]

©Connor Lee

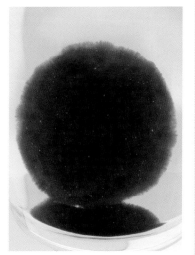

마리모

진주

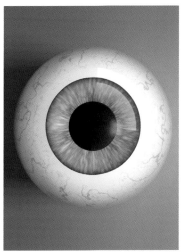

눈알

비눗방울

* 1 1930년대에 코스타리카의 밀림에서 발견된 돌공. 200개 이상 발견되었는데 제작 연도와 제작 목적 은 밝혀지지 않았다.

→답은 95페이지에

더 알아보기

구가 바닥에 닿는 면적의 비밀

완전한 구형인 유리구슬, 탁구공, 볼링공을 완전히 평평한 바닥에 놓았을 때, 바닥에 닿는 면적이 가장 큰 것은 무엇일까? 답은 '바닥에 닿는 면적은 모두 똑같다.'이다. 완전한 구형과 완전히 평평한 바닥은 딱 한 점에서만 접하기 때문이다. 구가 아무리 커지더라도 그 한 점의 크기에는 변함이 없다.[2]

볼링공

탁구공

유리구슬

* 2 다만 현실에서는 완전한 구형을 만들기가 거의 불가능하다. 또한 유리구슬, 탁구공, 볼링공은 바닥에 놓았을 때 바닥에 닿는 면이 아주 미세하게 눌린다. 눌리는 면적은 구가 무거울수록 넓어진다.

2. 풍선은 구일까?

풍선은 종이나 고무로 만든 주머니 속에 공기나
헬륨 같은 기체를 넣어 부풀린 장난감이다.
주머니 모양에 따라 풍선이 부풀어지는 모양이 정해진다.

고무풍선

● 고무풍선은 공기를 계속 넣으면 풍선 속의 압력이 높아져서 고무가 늘어난다. 이때 풍선은 겉넓이가 가장 작은 모양으로 부풀게 된다. 그 형태가 바로 구다. 이것은 물속에 공기 덩어리(거품)가 생기면 자연스럽게 구형이 되는 것과 마찬가지 원리다. 풍선이 부푸는 모양을 네모나 별 모양으로 만들더라도 공기를 계속 넣다 보면 결국에는 구 모양을 띠며 부풀게 된다.

얼추
구 모양!

하트
모양

구에
가까운
모양

가늘고 긴
풍선이 강아지
모양으로
변신!

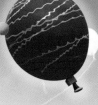

한지등갓

풍선에 한지를 붙이면 등갓을
간단히 만들 수 있다.

불을 켠 모습

준비물
● 풍선 ● 한지 ● 물 ● 안전핀
● 철사(약간 두꺼운 것) ● 펜치
● 전구(소켓이 달려 있는 것)

❶ 풍선을 부풀린다.

❷ 한지를 잘게 찢어 물을 묻
히고 풍선에 살짝 붙여나간
다(여러 겹 붙여도 된다).
잎, 꽃, 색한지로 무늬를
만들어도 된다.

❸ 여러 겹 겹쳐 붙인 후,
완전히 마를 때까
지 하루 정도 놔
둔다. 다 마르면
풍선을 터뜨린다.

❺ 그림처럼
전구 소켓에
등갓을 매달아
서 완성.

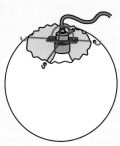

❹ 그림처럼 철사를
펜치로 굽혀 전구 소
켓에 건다(철사를 어떻
게 걸지는 각자 고민해보
자).

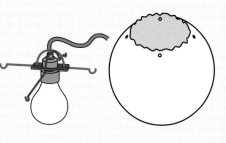

종이풍선

입체를 자르고 펼쳐서 평면으로 보여주는 그림을 '전개도'라
고 한다. 아래의 전개도는 구의 전개도다. 종이풍선과 지구본
은 똑같은 전개도로 펼칠 수 있다.

준비물
● 복사 용지 ● 가위
● 셀로판테이프 또는 본드

❶ 아래의 전개도를 복사해서 가위로 자른다
(확대 복사를 하면 더 만들기 쉽다).

❷ 이웃하는 선끼리 테이프로 붙여
구를 만든다.

❸ 마지막으로 **A**와 **B** 부분을 종이
로 만들어 붙이면 완성.

A

B

B

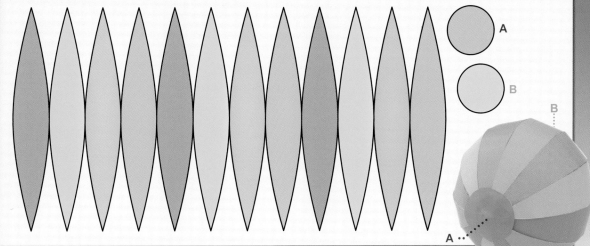

A

3. 무한한 다면체로 이루어진 입체?

구는 다면체(→p.20)의 각이
점점 없어지면서 만들어지는 입체다.
이는 '다면체 면의 수가 무한히 증가하면
구가 된다.' 라는 말과 같다.

구 모양인
행성을
다면체로
재현

| 지구 | 달 | 목성 | 화성 |

● 축구공 모양의 다면체(→p.17)에 지구, 달, 목성, 화성의 그림을 그려 넣은 것.

구에 가까워지는 다면체

● 앞 페이지 아래쪽의 천체는 종이로 만들었다. 그 다면체의 모든 각을 오른쪽 그림처럼 잘라내면 뾰족한 부분이 줄어들면서 전체적으로 구에 가까워진다.

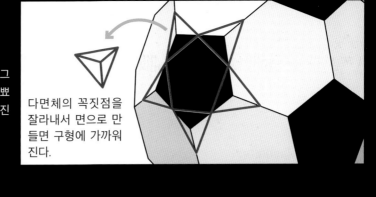

다면체의 꼭짓점을 잘라내서 면으로 만들면 구형에 가까워진다.

다면체를 토대로 만든 돔

후지산 레이다 돔(야마나시 현 후지요시다 시)

후지요시다시 후지산 레이다 돔

신치토세 공항의 기상 레이다(홋카이도 지토세 시)

후지산 레이다 돔은 정이십면체를 구성하는 삼각형을 더 작은 삼각형으로 나누어서 최대한 구에 가깝게 만들었다.

세계에서 가장 구에 가까운 크리스털 세공
도라지꽃 커팅(180 면체)

더 알아보기

세계에서 단 한 사람

오른쪽 사진은 면이 180개나 되는 크리스털이다. 잘라낸 면이 도라지꽃의 꽃잎을 닮았다고 해서 '도라지꽃 커팅' 이라고 부른다. 세계에서 단 한 사람, 보석 세공사 시미즈 유키오 씨밖에 할 수 없는 커팅 기술이다.
시미즈 씨는 손과 눈의 감각만으로 도라지꽃 커팅을 만들어낸다. 먼저 빠른 속도로 회전하는 원반에 크리스털 원석을 가져다 대서 정오각형 12개로 이루어진 정이십면체를 깎아낸다. 그 정이십면체의 귀퉁이를 더욱 잘게 깎아내면서 최종적으로 180개의 면을 만들어낸다. 세밀히 커팅된 크리스털은 빛을 한껏 반사하며 독특한 아름다움을 뽐낸다.

도라지꽃

4. 축구공의 면은 몇 개?

축구공의 무늬는 다양하지만,
잘 살펴보면 모든 축구공이 거의
같은 모양이다.
정오각형 12장과 정육각형 20장을
꿰매 이어놓은 형태다.

둥근 축구공도
다각형의 평면을
짜 맞춰서 만든다.

축구공 공장.
정오각형과 정육각형의 가죽을 꿰매
이어서 축구공을 만든다.

여러 가지 무늬의 축구공

● 무늬는 다양하지만 모두 12개의 정오각형과 20개의 정육각형의 조합으로 이루어졌다.

 만들어 보자!

종이 축구공

실제로 정오각형과 정육각형을 짜 맞춘 전개도로 축구공을 만들어보자.

❶ 전개도는 다음과 같다.

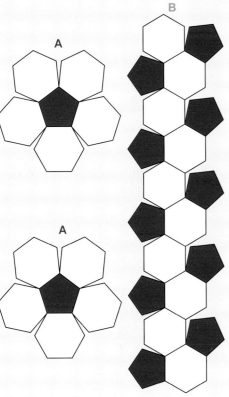

❷ A부분을 그림처럼 짜 맞춘다. 이웃하는 선끼리 붙인다.

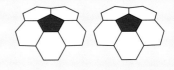

❸ B부분을 화살표 대로 붙인다.

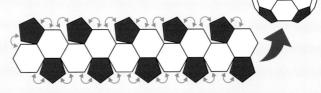

❹ ❷에서 만든 A를 ❸에서 만든 B의 이음매에 맞춰 붙인다.

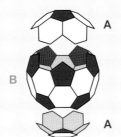

5. 입체를 자른다!

수박이나 귤을 자르면 절단면의 무늬는
각각 다르지만, 절단면의 모양은 거의 원에 가깝다.
어느 부분을 잘라도 원이 되는 입체는 구뿐이다.

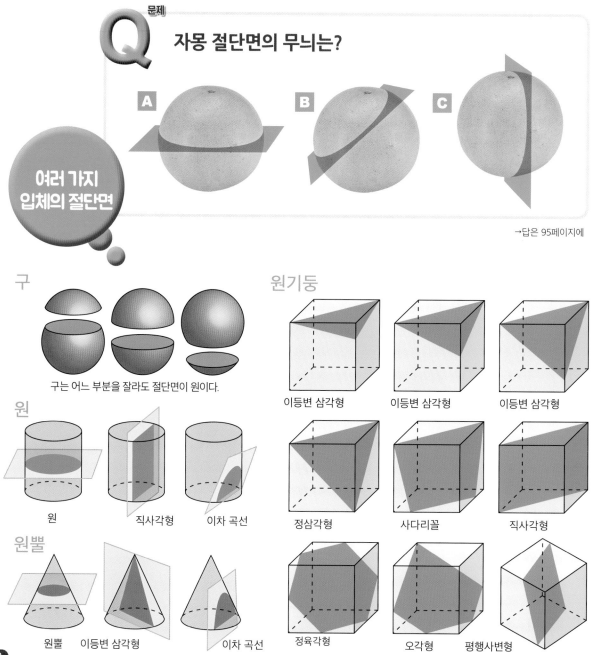

문제

Q 자몽 절단면의 무늬는?

A　B　C

여러 가지
입체의 절단면

→답은 95페이지에

구

구는 어느 부분을 잘라도 절단면이 원이다.

원기둥

이등변 삼각형　이등변 삼각형　이등변 삼각형

정삼각형　사다리꼴　직사각형

정육각형　오각형　평행사변형

원

원　직사각형　이차 곡선

원뿔

원뿔　이등변 삼각형　이차 곡선

만들어
보자!
평지가 겹쳐진 지구본

앞 페이지와 같은 원의 절단면을 몇
개 조합하면 간단히 구를 재현할 수
있다. 전개도(→p.13) 없이도 쉽게 둥
근 지구본을 만드는 방법을 소개한
다.

준비물
- 두꺼운 종이 또는 도화지
- 가위 또는 커터칼
- 연필 ● 자
- 컴퍼스 ● 각도기

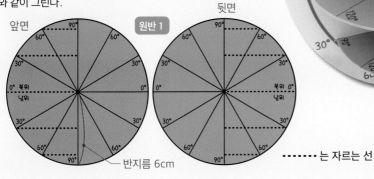

6장의 원과 1장의 반
원으로 만든 지구본.

❶ 반지름 6cm의 원을 만들고 앞면과 뒷면에 아래
와 같이 그린다.

앞면　　　　　　　　　　　　　원반 1　　　　　　뒷면

⎯ 반지름 6cm

••••••• 는 자르는 선

❷ 반지름 6cm의 원을 만들고 아래와 같이 그린다.

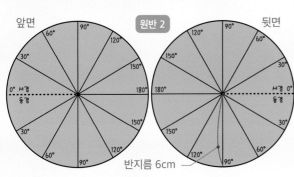

앞면　　　　　원반 2　　　　　뒷면

반지름 6cm ⎯

❸ 반지름 5.2cm의 원을 2장 만들고 아래와 같이 그린다.

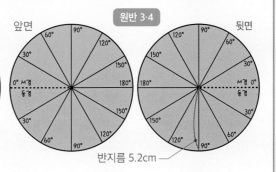

앞면　　　　　원반 3·4　　　　　뒷면

반지름 5.2cm ⎯

❹ 반지름 3cm의
원을 2장 만들고
아래와 같이 그린다.

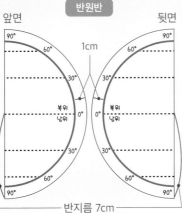

원반 5·6

앞면

뒷면

⎯ 반지름 3cm

❺ 반지름 7cm의 반원을 만들고 아래
와 같이 그린다.

반원반

앞면　　　1cm　　　뒷면

⎯ 반지름 7cm ⎯

❻ 각 부분의 점선을 따라 자른다.

❼ 그림처럼 원반 1 에 원반 2~6 을 끼워 넣는다.

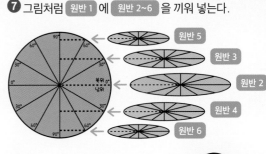

원반 5
원반 3
원반 2
원반 4
원반 6

❽ 마지막으로 ❺에서
만든 반원반을 끼워 넣어
경도 원반 (❷ ~ ❻)을
고정해서 완성.

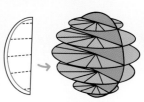

6. 정다면체라는 입체

똑같은 정다각형(정삼각형, 정사각형, 정오각형)으로 모든 면이 이루어진 입체를 정다면체라고 한다. '정다면체'라는 입체는 '정사면체', '정육면체', '정팔면체', '정십이면체', '정이십면체' 등 모두 5개밖에 없다.

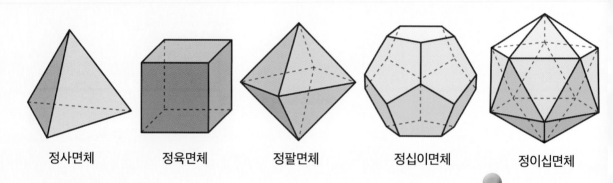

| 정사면체 | 정육면체 | 정팔면체 | 정십이면체 | 정이십면체 |

기원전에 발견

● 정다면체는 모든 면이 똑같은 형태와 크기(합동)의 정다각형(모든 변이 똑같은 길이)으로 이루어진 다면체를 말한다. 이러한 정다면체는 고대 그리스의 철학자 플라톤(기원전 427년 ~기원전 347년)의 저서 『티마이오스』에 나온다. 플라톤 시대 이전부터 다섯 종류의 정다면체

가 알려져 있었다는 뜻이다. 게다가 정다면체가 다섯 종류밖에 없다는 사실 또한 플라톤 이전에 활약한 기원전 6세기의 철학자이자 수학자인 피타고라스에 의해 증명되었다는 설이 있다.

플라톤의 입체라고도 한다.

정다면체를 자른다.

● 정다면체를 잘랐을 때 다른 정다면체가 생기는 경우가 있다.

정십이면체를 잘라 정육면체를 만든다.

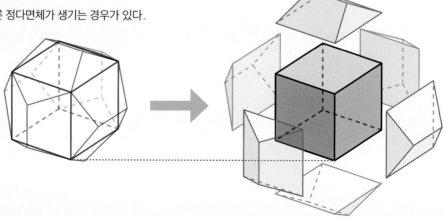

더 알아보기

변형 로봇

아래 사진은 한 변의 길이가 6.3cm 인 정육면체다. 이것을 변화시키면 25.8cm의 로봇이 된다. 높이는 달라지지만, 정육면체와 로봇의 부피 (→p.66)는 달라지지 않는다는 점을 알 수 있다.

각 면에서 본 모습

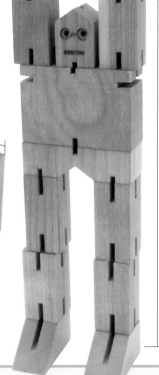

25.8cm

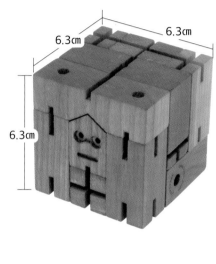

6.3cm

6.3cm

6.3cm

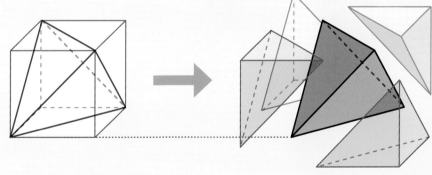

정육면체를 잘라 정사면체를 만든다.

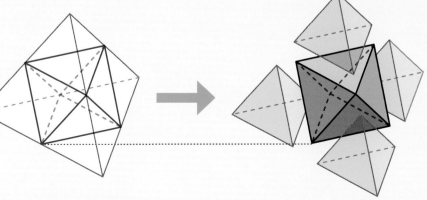

정사면체를 잘라 정팔면체를 만든다.

7.불규칙한 다면체

다면체 중에는 정다면체 같은 규칙적인 것도 있지만,
대부분의 다면체는 아무런 규칙성도 없는 들쑥날쑥한 모습이다.

채소로 여러 가지 모양의 다면체를 만든다.

● 채소를 잘라서 자유롭게 다면체를 만들 수 있다.

당근으로 조각한 공룡!

만들어 보자!

불규칙한 다면체를 연결한 공룡 1

당근을 토막 내서 그림처럼 불규칙한 다면체를 만든다. 토막들을 모두 이쑤시개로 이으면 위의 사진과 같은 공룡이 완성!

준비물
● 당근 2~3개
● 식칼
● 이쑤시개

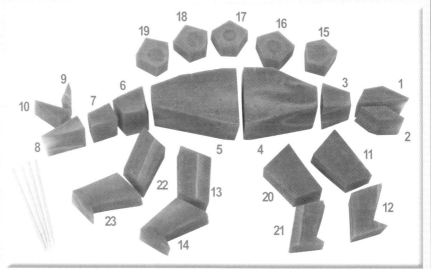

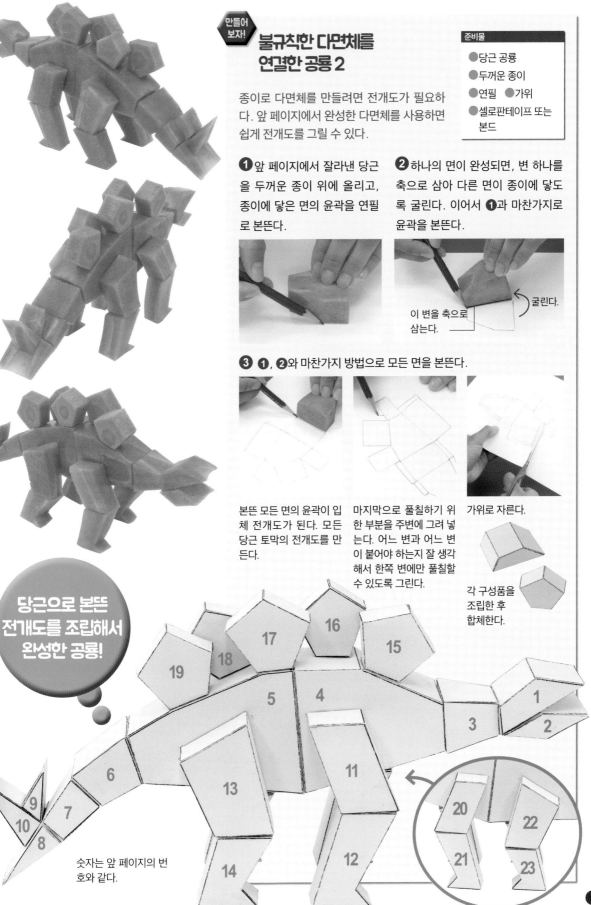

만들어
보자!

불규칙한 다면체를 연결한 공룡 2

준비물
● 당근 공룡
● 두꺼운 종이
● 연필 ● 가위
● 셀로판테이프 또는 본드

종이로 다면체를 만들려면 전개도가 필요하다. 앞 페이지에서 완성한 다면체를 사용하면 쉽게 전개도를 그릴 수 있다.

❶ 앞 페이지에서 잘라낸 당근을 두꺼운 종이 위에 올리고, 종이에 닿은 면의 윤곽을 연필로 본뜬다.

❷ 하나의 면이 완성되면, 변 하나를 축으로 삼아 다른 면이 종이에 닿도록 굴린다. 이어서 ❶과 마찬가지로 윤곽을 본뜬다.

이 변을 축으로 삼는다.

굴린다.

❸ ❶, ❷와 마찬가지 방법으로 모든 면을 본뜬다.

본뜬 모든 면의 윤곽이 입체 전개도가 된다. 모든 당근 토막의 전개도를 만든다.

마지막으로 풀칠하기 위한 부분을 주변에 그려 넣는다. 어느 변과 어느 변이 붙어야 하는지 잘 생각해서 한쪽 변에만 풀칠할 수 있도록 그린다.

가위로 자른다.

각 구성품을 조립한 후 합체한다.

당근으로 본뜬 전개도를 조립해서 완성한 공룡!

숫자는 앞 페이지의 번호와 같다.

8. 회전체가 뭘까?

회전체는 평면상의 한 직선을 축으로 삼아
평면 도형을 1회전시킬 때 생기는 입체를 말한다.
회전체로는 구, 원기둥, 원뿔 등의 입체가 있다.

문제

Q ~ 의 도형을 회전시키면 어떤 입체가 생길까?

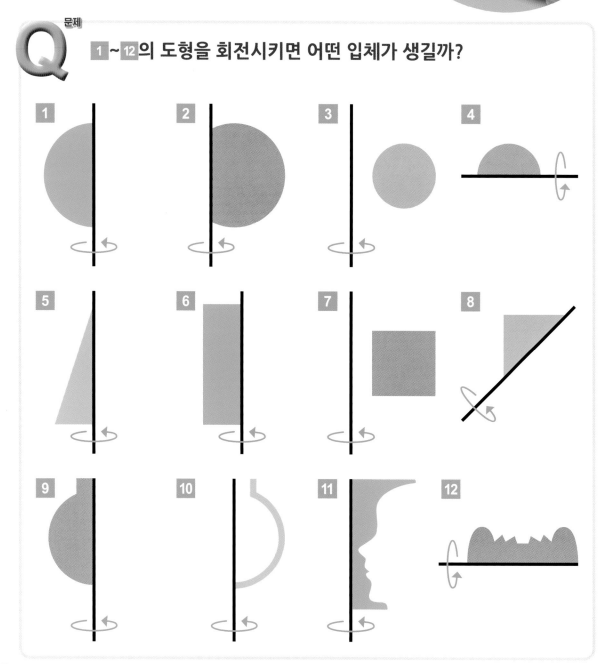

→ 답은 95페이지에

사진으로
보는
회전체

팽이

중국 요요

돌림판

항아리

접시

바움쿠헨

펜던트 등

우산*
* 손잡이 부분은 제외

도쿄
스카이트리

사진 제공: 시미즈건설 주식회사

실드 머신*
* 땅을 파는 기계

여러 가지 입체의 전개도

정육면체, 원기둥, 삼각기둥 등 모든 입체는 평면을 짜 맞춰서 만들 수 있다.
입체를 잘라서 평면에 펼치면 전개도가 된다.

 육면체는 6개의 직사각형으로 이루어졌음을 알 수 있다.

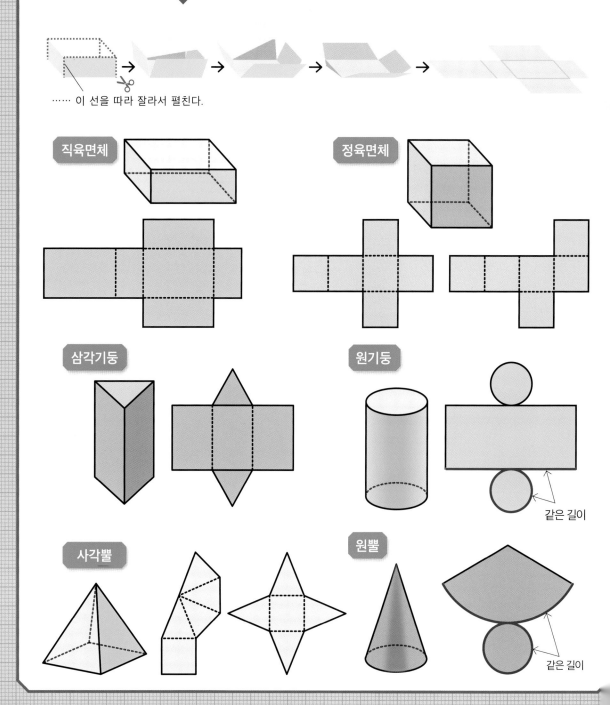

...... 이 선을 따라 잘라서 펼친다.

직육면체

정육면체

삼각기둥

원기둥

같은 길이

사각뿔

원뿔

같은 길이

PART2

신기한 평면도형

1.입체를 평면에 투영한다.

입체 뒤쪽에서 빛을 비춰서 그 그림자를 스크린에 투영하면
평면 도형이 생긴다. 구는 원을 회전시켜서 만든 입체이므로
어느 방향에서 빛을 비춰도 그림자가 항상 원이 된다.

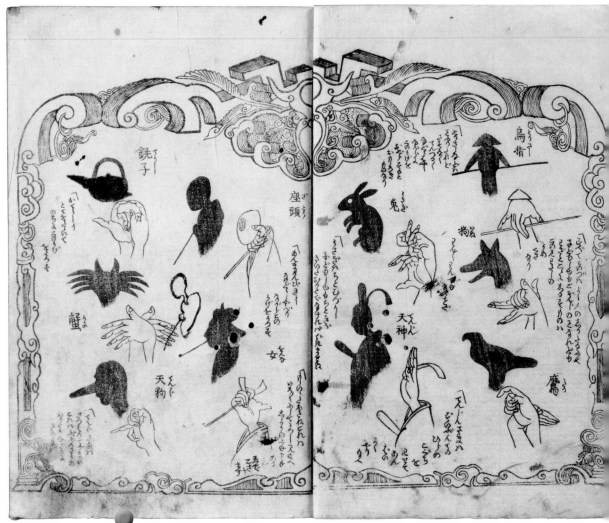

와세다대학교 도서관 소장

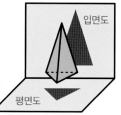

에도 시대의
화가 짓펜샤
잇쿠가
그림자놀이를
그린 그림

실루엣

● 실루엣은 입체를 정면에서 본 형태가 스크
린에 비친 그림자를 말한다. 한 방향에서 본 입
체를 평면으로 나타낸 그림을 '투영도'라고 한
다.

삼각뿔을 옆에서 봤을 때의
투영도('입면도'라고 함)
와 위에서 봤을 때의 투영
도('평면도'라고 함).

회전하는 입체의 잔상

● 사진과 같은 각도로 정육면체를 회전시키면 '잔상'이 보인다. 그 모습은 회전하기 전과 다르게 보인다.

정육면체 ❶

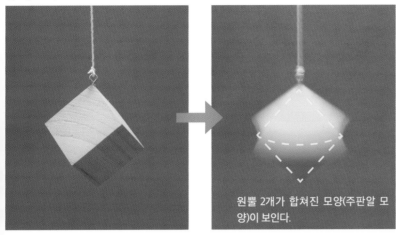

원뿔 2개가 합쳐진 모양(주판알 모양)이 보인다.

정육면체 ❷

원기둥이 보인다.

PART 2 신기한 평면 도형

> **더 알아보기**
>
> ## 기다란 그림자
>
> 사람의 그림자도 입체를 면에 비치게 한 투영도의 일종이다. 그런데 태양의 높이가 시간에 따라 달라지기 때문에 그림자의 길이는 일정하지 않다. 정오 무렵 태양이 머리 바로 위에 있을 때는 그림자가 짧아지고, 저녁 무렵 태양이 지기 시작하면 그림자가 길어진다.
>
>
>
> 저녁 무렵의 기다란 그림자.

더 알아보기

애니메이션의 원리

애니메이션은 조금씩 변화하는 평면 그림을 한 장면 한 장면 이어놓은 것이다. 이를 스크린에 비추면 그림이 움직이는 것처럼 보인다. 아래 그림은 공이 땅에 떨어졌다가 튕겨 나가는 모습을 15개의 장면으로 재현한 애니메이션이다.

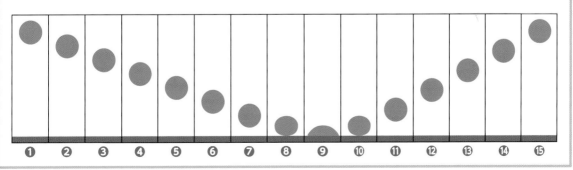

❶ ❷ ❸ ❹ ❺ ❻ ❼ ❽ ❾ ❿ ⑪ ⑫ ⑬ ⑭ ⑮

2. 깊이가 있는 그림

레오나르도 다빈치의 최후의 만찬

평면에 그린 그림인데도 앞뒤의 거리(깊이)를 느낄 수 있는 경우가 있다. 거리감(원근감)을 잘 표현하면 그림은 입체적으로 보인다.

소실점

원근법

● 같은 크기의 물체라도 멀리 있을수록 작게 그림으로써 원근감이 생긴다. 위의 「최후의 만찬」에서는 멀리 있는 산이 인물보다 작게 그려져 있다.

소실점이란?

● 눈으로 보기에는 평행한 2개의 선은 멀어질수록 폭이 좁아지고, 마지막에는 어느 한 점에서 만나는 것처럼 보인다. 이 점을 소실점이라고 한다.

소실점

원근법의 선을 간단히 그리는 방법

오른쪽 판화는 사람 **A**가 사람 **B**의 모습을 캔버스에 베껴 그리는 장면이다. 이와 같은 방법으로 깊이가 느껴지는 그림을 그릴 수 있다.

준비물
● 투명한 종이　● 유성 사인펜　● 자

캔버스

❶ 바깥 풍경이 보이는 유리창 앞에 선다. 유리창에 투명한 종이를 댄다.

❷ 유리창 너머로 보이는 풍경을 투명한 종이 위에 사인펜으로 베껴 그린다. 이때 풍경 안에서 하나의 목표물을 정하고 종이 위에 점을 찍는다. 목표물과 점이 틀어지지 않도록 고정하고 풍경을 그대로 따라 그린다.

❸ 원근감이 느껴지는 그림이 완성.

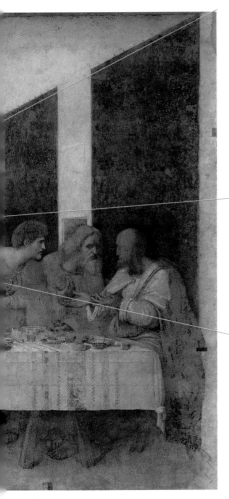

소실점

착시가 뭘까?

사람의 눈에 비치는 물체가 실제와 다르게 보이는 현상을 '착시'라고 한다.
착시에 관한 연구는 역사가 깊다.
고대 그리스의 아리스토텔레스 시대부터 연구되었다고 한다.
현재 착시는 건축물 등 여러 곳에서 활용되고 있다.

축구 경기장의 광고

MarcaMedia/AFLO

위의 사진에서는 축구 경기장에 직사각형의 간판이 서 있는 것처럼 보인다. 하지만 실제로는 지면에 비스듬한 시트가 놓여 있을 뿐이다. 이 시트를 카메라 위치에서 보면 직사각형의 간판이 서 있는 것처럼 보인다.

Enrico Calderoni/AFLO

가짜 과속방지턱

: 세키스이수지 주식회사

[가]짜 과속방지턱은 자동차의 속도를 줄이기 위해 도로에 그리는 가짜 돌기[를] 말한다. 사진은 실제로는 없는 과속방지턱을 착시로 재현한 것이다.

쓰루가오카하치만궁

가나가와 현 가마쿠라 시에 있는 쓰루가오카하치만궁의 참배길은 갈수록 폭이 좁아진다. 그래서 참배길이 실제보다 긴 것처럼 보인다.

쌍둥이 교회

이탈리아의 수도 로마에 있는 쌍둥이 교회. 오른쪽 건물은 왼쪽 건물보다 면적이 크지만, 왼쪽 건물의 돔이 타원형이어서 비슷한 크기로 보인다.

파르테논 신전

[그리]스에 있는 파르테논 신전의 기둥은 한가운데까지는 굵고, 그 위쪽으[로] 갈수록 얇아진다. 그래서 굵기가 일정한 기둥보다 안정감이 있는 것처[럼] 보인다.

학사회관

도쿄 지요다 구에 있는 학사회관은 위층 창문이 작아서 실제보다 높은 건물처럼 보인다.

3. 삼각형도 다각형이다

3개 이상의 직선으로 둘러싸인 도형을 다각형이라고 한다.
삼각형도 육각형이나 팔각형과 마찬가지로 다각형에 속한다.
덧붙여, 2개의 직선으로는 평면 도형을 만들 수 없다.

Q 문제

아래 그림의 다각형에서 이웃한 다각형으로 변형시킬 때
1~**14**에 들어갈 문자는 A ~ L 가운데 어느 것인가?

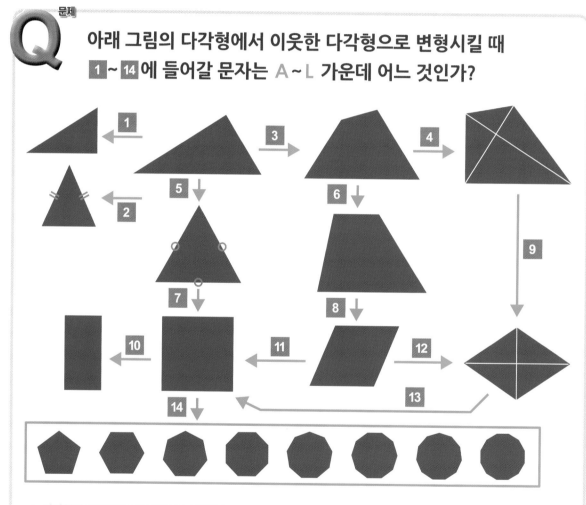

A 사각형의 꼭짓점을 모두 직각으로 바꾼다.

B 삼각형의 두 변의 길이를 같게 만든다.

C 사각형의 꼭짓점 가운데 하나를 직각으로 바꾼다.

D 꼭짓점을 하나씩 늘린다.

E 삼각형의 세 변의 길이를 같게 만든다.

F 삼각형의 꼭짓점 가운데 하나를 직각으로 바꾼다.

G 변형하지 않는다.

H 변과 꼭짓점을 하나씩 늘린다.

I 마주하는 두 쌍의 변을 평행하게 만든다.

J 대각선과 대각선이 중심에서 교차하도록 만든다.

K 사각형의 두 변을 평행하게 만든다.

L 사각형의 두 변의 길이를 절반으로 줄인다.

(같은 선택지를 두 번 사용할 수도 있다.)

→ 답은 95페이지에

다각형의 각

● 삼각형의 안쪽 각을 내각이라고 한다. 세 내각(a, b, c)의 크기를 합하면 180°가 된다. 사각형은 삼각형 2개를 붙인 형태이기 때문에 내각을 합하면 360°가 된다.

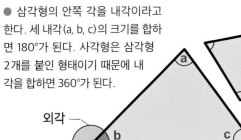

360°

180°

외각

내각

b

a

c

● 다각형의 한 꼭짓점에서 대각선을 그으면 몇 개의 삼각형으로 나눌 수 있다. 그 수는 다각형의 꼭짓점 수보다 2개 적다. 그러므로 n각형의 내각의 합 =(n-2)× 180°가 된다.

꼭짓점

변

내각

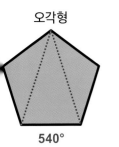
오각형
540°

육각형
720°

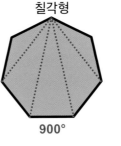
칠각형
900°

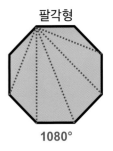
팔각형
1080°

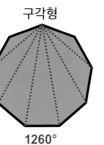
구각형
1260°

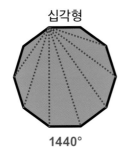
십각형
1440°

십일각형
1620°

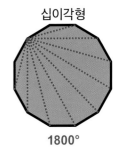
십이각형
1800°

더 알아보기

정다각형의 꼭짓점 수를 늘리면 원이 된다.

원은 어느 한 점에서부터 같은 거리에 있는 모든 점들의 집합이다. 정다각형의 꼭짓점 수를 점점 늘려가면 원에 가까워진다.

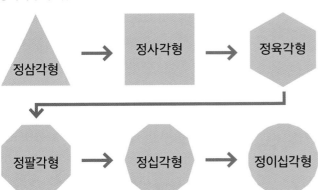

정삼각형 → 정사각형 → 정육각형

정팔각형 → 정십각형 → 정이십각형

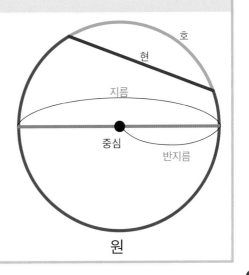

호
현
지름
중심
반지름
원

4. 카발리에리의 원리란?

아래 사진은 같은 크기의 책을 쌓아 올린 모습을 옆에서
바라본 것이다. 똑바로 쌓아 올릴 수도 있고,
비틀어지게 쌓아 올릴 수도 있다.

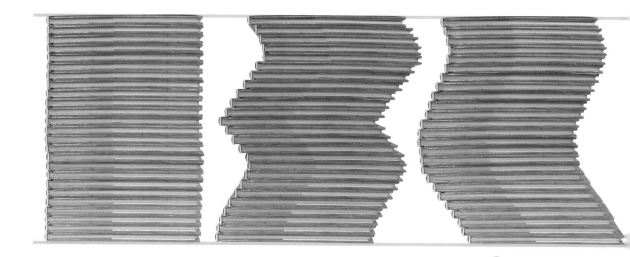

카발리에리의 원리

● 평면 위의 평행선 사이에 2개의 도형이 있
을 때 그 사이에 있는 또 다른 몇 개의 평행선
과 각 도형이 만나는 선분의 길이가 각각 동일
하다면, 두 도형의 넓이도 동일하다. 이처럼
같은 넓이를 유지한 채 형태가 바뀌는 것을
'등적변형'이라고 한다. 이 원리를 발견한 사
람은 17세기에 활약한 이탈리아의 수학자 카
발리에리다.

각 책의 크기는
똑같기 때문에
옆면의 넓이도
모두 똑같다.

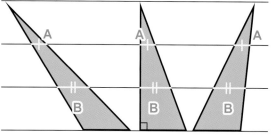
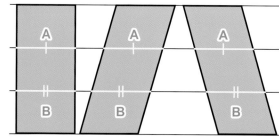

A의 길이와 B의 길이는 어느 도형이든 동일하다.

입체에서의 카발리에리의 원리

A

B

● 평행한 두 평면 사이에 놓인 두 입체 **A**, **B**가 있고 그 두 평면에 평행한 직선으로 두 입체를 잘랐을 때, 절단면의 넓이 비가 항상 동일하다면 **A**와 **B**의 넓이도 동일하다.

스프링
장난감

 만들어
보자!

춤추는 곰

카발리에리의 원리를 활용해서, 넓이는 같지만 형태가 달라지는 그림을 만들어보자.

준비물
- 곰 캐릭터 그림
- 가위 ● 풀 ● 도화지

❶ 그림을 1cm 너비로 자른다. 이때 한쪽 끝부분은 자르지 않고 남긴다.

❷ ❶에서 자른 그림을 아래서부터 한 줄씩 도화지에 붙인다. 이때 조금씩 틀어지게 붙여야 한다.

❸ 아래처럼 넓이는 같지만 형태가 달라지는 그림이 완성.

원래 그림

5. 네모난 케이크를 5등분!

정사각형의 케이크가 있다. 이 케이크를 다섯 명이서
나눠 먹고 싶은데, 세로로 5등분하면 너무 길쭉해서
접시에 놓을 수 없다. 어떻게 하면 공평하게 나눌 수 있을까?

둥근 케이크를 5등분하는
경우를 생각하면……

● 둥근 케이크라면 오른쪽 그림처럼 케이크의 둘레를 5등분한 후 한가운데에서부터
자르면 된다. 네모난 케이크를 자를 때도 이와 동일한 방법을 사용하면 된다.

등적변형(→p.36)의 개념을 응용한다.

● 둥근 케이크와 마찬가지로 네모난 케이크의 둘레를 5등분한 후 중심에서부터 자른다.

❶ 케이크의 옆면에 실을 한 바퀴 둘러서 케이크의 둘레 길이와 똑같은 길이의 실을 만든다.

❷ 그 실을 5등분한 후 표시한다.

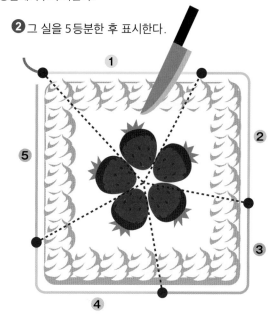

❸ 케이크의 옆면에 실을 다시 한 번 대고 그림처럼 중심에서부터 표시된 곳을 향해 케이크를 자른다.

① ② ③ ④ ⑤

형태는 달라도 넓이는 모두 같다!

평면 도형으로 생각한다.

● 넓이가 동일해지는 이유를 알기 쉽게 나타내기 위해 오른쪽 그림처럼 선을 그어 생각해보자.

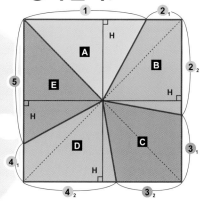

A 는 **1** × H ÷ 2

B 는 **2₁** × H ÷ 2 + **2₂** × H ÷ 2

C 는 **3₁** × H ÷ 2 + **3₂** × H ÷ 2

D 는 **4₁** × H ÷ 2 + **4₂** × H ÷ 2

E 는 **5** × H ÷ 2

1 = **2₁** + **2₂** = **3₁** + **3₂** = **4₁** + **4₂** = **5** 이기 때문에

A ~ **E** 의 넓이는 모두 같다.

문제

Q 아래 사진과 같은 찰흙 덩어리가 있다. 이것을 자 하나만으로 5등분 하려면 어떻게 해야 할까?

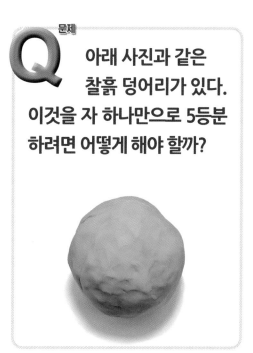

→ 답은 95페이지에

6. 지혜의 판, 탱그램

탱그램은 하나의 정사각형을 그림처럼
크기가 다른 삼각형과 사각형인
①~⑦로 잘라서 만든 퍼즐이다.
7개의 도형을 전부 사용해서
다양한 형태를 만들 수 있다.

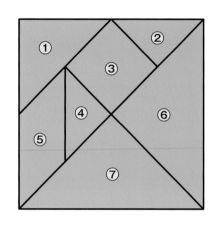

Q 1 문제

이 집의 형태를 만들려면
위의 ①~⑦을 어떻게
늘어놓아야 할까?

7개의 도형을
조합하면 모두
만들 수 있다.

Q 2 문제

1~17의 모양을 만들어보자.

→ 답은 95페이지에

골판지 탱그램

탱그램은 골판지로 쉽게 만들 수 있다.

준비물
● 골판지 ● 자 ● 연필 ● 커터칼

① 골판지로 한 변이 10cm인 정사각형을 만들고 **1~4**의 순서로 선을 긋는다.

1 대각선 **A**와 **B**를 긋는다.
2 왼쪽 변과 위쪽 변의 각 중점(한 가운데의 점)을 잇는 선 **C**를 긋고, 선 **C**의 왼쪽에 있는 선 **B**의 일부를 지운다(…… 부분).
3 대각선 **B**와 평행하도록 선 **D**를 긋는다.
4 왼쪽 변과 평행하도록 선 **E**를 긋는다.

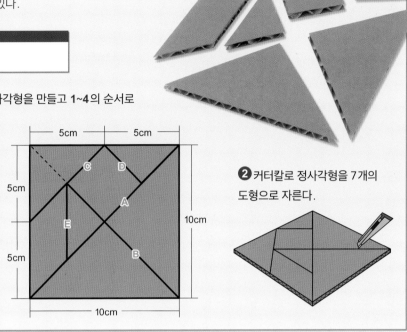

② 커터칼로 정사각형을 7개의 도형으로 자른다.

 나만의 탱그램

이번에는 Ⓐ, Ⓑ, Ⓒ 와 같은 변형 탱그램을 만들어서 놀아보자. Ⓐ, Ⓑ 는 한 변이 10cm인 정사각형에서 각각 9개와 13개의 도형을 잘라내는 것이다. Ⓒ 는 한 변이 6cm인 정육각형에서 만든다.

준비물
● 골판지 ● 자 ● 연필 ● 커터칼

Ⓐ 9조각

Ⓑ 13조각

정사각형에서 각 변의 중점을 이어서 한 단계 작고 45° 틀어진 정사각형을 그린다(이를 세 번 반복한다).

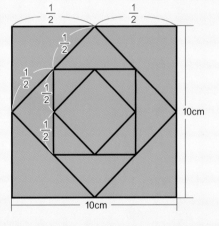

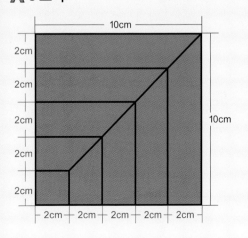

Ⓒ 18조각

한 변이 6cm인 정삼각형을 6개 붙여서 정육각형을 만든다. 그리고 각 정삼각형 안에 그림처럼 사다리꼴 조각을 3개씩 만든다.

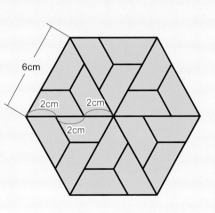

7. 펜토미노란?

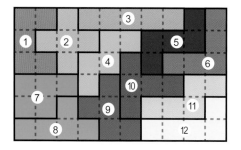

위의 그림은 펜토미노라는 퍼즐이다.
①~⑫의 도형이 있는데,
각 도형은 정사각형 5개가 이어진 형태다.
5개의 정사각형이 이어진 형태로
아래의 패턴을 만들 수 있는 것은
이 12종류의 도형밖에 없다는
점이 신기하다.

네 가지 패턴

● ①~⑫의 도형을 늘어놓아 사진과 같은 네 가지 패턴을 만들 수 있다. 컴퓨터로 계산한 결과, A 패턴을 만드는 방법은 2,399 가지, B 패턴을 만드는 방법은 1,010 가지, C 패턴을 만드는 방법은 368 가지다. 하지만 D 패턴을 만드는 방법은 2 가지밖에 없다.

초콜릿 모양의 펜토미노

A 패턴 세로 6×가로 10

1	2	3	4	5	6	7	8	9	10
2									
3									
4									
5									
6									

B 패턴 세로 5×가로 12

1	2	3	4	5	6	7	8	9	10	11	12
2											
3											
4											
5											

C 패턴 세로 4×가로 15

1	2	3	4	5	6	7	8	9	10	11	12	13	14	15
2														
3														
4														

D 패턴 세로 3×가로 20

1	2	3	4	5	6	7	8	9	10	11	12	13	14	15	16	17	18	19	20
2																			
3																			

정사각형 펜토미노 게임

모눈종이를 사용해서 펜토미노를 만들자. 혼자서 놀 수도 있고, 둘이서 대결할 수도 있다.

준비물
●모눈종이 ●자 ●연필 ●커터칼
●골판지 ●접착제

❶ 한 변이 16cm인 정사각형으로 자른 모눈종이에 2cm의 칸을 그리고 아래 그림처럼 두꺼운 선을 덧그린다.

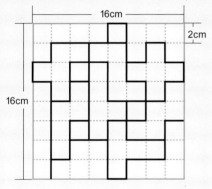

❷ ❶의 두꺼운 선을 따라 잘 라 낸 다. 2cm×2cm의 정사각형 5개가 이어진 12종류의 도형과 나머지 4개의 정사각형이 생긴다.

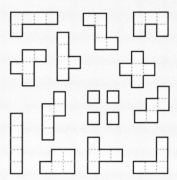

❸ 골판지로 한 변이 18.5cm인 정사각형과 길이 17.5cm, 너비 1cm인 틀을 만든다. 정사각형에 틀을 붙이고 틀 안쪽에 2cm의 칸을 그린다.

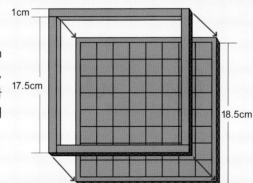

게임하는 법

A 혼자서 놀기

가로, 세로 8개의 칸 안에 12개의 펜토미노와 나머지 4개의 정사각형을 늘어놓으며 논다.

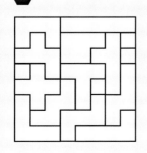

예

B 둘이서 놀기

순서를 정한다. 12개의 펜토미노에서 1개를 골라 가로, 세로 8개의 칸에 번갈아가며 자유롭게 놓는다(나머지 4개의 정사각형은 사용하지 않는다). 칸에 둘 곳이 먼저 없어지는 쪽이 진다.

펜토미노는 뒤집어서 사용해도 된다. 그리고 한 번 놓은 펜토미노는 움직일 수 없다. 겹쳐서 놓아도 안 된다.

PART 2 신기한 평면 도형

8. 거리에서 볼 수 있는
타일 무늬

거리에서는 똑같은 모양의 타일을 깔아
아름다운 무늬를 만들어놓은 건물이나
도로를 찾아볼 수 있다.

다양한
타일 모양

규칙적인 무늬!

● 특정한 규칙에 따라 타일을 깔아서 하나의 무늬를 만들어낸다. 늘어놓는 방법을 바꾸면 무늬도 달라진다.

직사각형

정사각형

육각형

평행사변형

삼각형

삼각형을 깔아보자.

● 같은 형태의 삼각형을 2개 늘어놓으면 평행사변형이 된다. 삼각형의 세 내각을 합하면 180°가 되므로 세 각을 맞춰 늘어놓으면 180°가 된다.

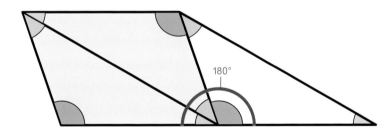

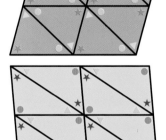

사각형을 깔아보자.

● 정사각형, 직사각형을 늘어놓으면 다양한 사각형을 만들 수 있다. 또한 사각형의 네 내각을 합하면 360°가 되므로 불규칙한 사각형이라도 형태만 같다면 멋진 타일 무늬를 만들며 늘어놓을 수 있다.

불규칙한 사각형

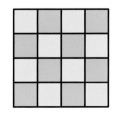
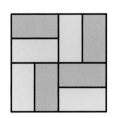
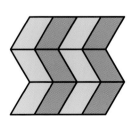
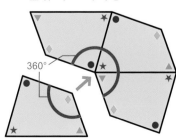

45

9. 닮음이란?

형태가 같지만 크기가 다른 두 도형을 서로 닮음이라고 한다.
아래 사진에 있는 공은 평면 도형으로 봤을 때 크기는
다르지만 모두 원이므로 서로 닮음이라고 할 수 있다.

도지볼공

Q 문제
무엇과 무엇이 같은 모양일까?

1
2
3
4
5
6

→ 답은 95페이지에

여러 가지
공들은 서로
닮은꼴

실물
크기

탁구공   골프공   테니스공   정구공   연식야구공

신기한 동심원

중심이 같고 크기가 다른 원의 집합을 '동심원' 이라고 한다. 오른쪽 그림의 A는 몇 개의 원이 교차하는 것처럼 보이지만 손가락으로 짚고 따라가보면 동심원이라는 사실을 알 수 있다. B는 눈을 가까이 대거나 멀리 떨어뜨리거나 하면 원이 움직이는 것처럼 보인다.

A

B

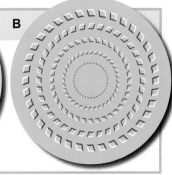

축구공

농구공

구공

소프트볼공

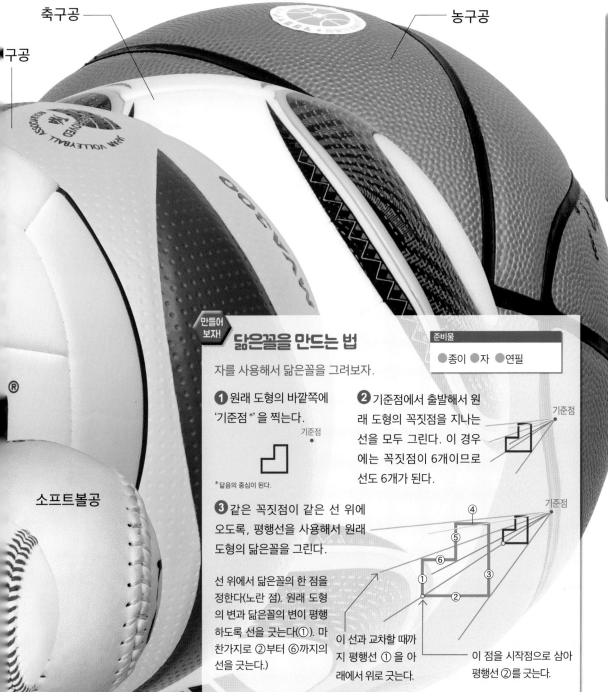

만들어 보자!

닮은꼴을 만드는 법

자를 사용해서 닮은꼴을 그려보자.

준비물
● 종이 ● 자 ● 연필

❶ 원래 도형의 바깥쪽에 '기준점*' 을 찍는다.

기준점 •

*닮음의 중심이 된다.

❷ 기준점에서 출발해서 원래 도형의 꼭짓점을 지나는 선을 모두 그린다. 이 경우에는 꼭짓점이 6개이므로 선도 6개가 된다.

기준점

❸ 같은 꼭짓점이 같은 선 위에 오도록, 평행선을 사용해서 원래 도형의 닮은꼴을 그린다.

선 위에서 닮은꼴의 한 점을 정한다(노란 점). 원래 도형의 변과 닮은꼴의 변이 평행하도록 선을 긋는다(①). 마찬가지로 ②부터 ⑥까지의 선을 긋는다.)

기준점

④
⑤
⑥
①
②
③

이 선과 교차할 때까지 평행선 ① 을 아래에서 위로 긋는다.

이 점을 시작점으로 삼아 평행선 ②를 긋는다.

10. 2배의 길이로 만들려면?

46페이지처럼 직선으로 이루어진 평면 도형이라면 자로 재서 확대한 닮은꼴을 그릴 수 있다. 그런데 오른쪽처럼 곡선으로 이루어진 그림을 확대하려면 어떻게 해야 좋을까?

똑같은 일러스트를 확대해서 그리는 방법

고무줄을 활용해 그리기

● 고무줄을 2개 이은 후 한쪽 끝을 핀으로 단단히 고정하고, 다른 한쪽에 연필을 걸어놓는다. 고무줄의 이음매를 원래 그림의 윤곽선에 따라 움직인다.

핀에서 원래 그림까지는 고무줄 1개의 길이이고, 확대해서 그리는 그림까지는 고무줄 2개의 길이가 된다. 길이가 2배가 되면 넓이가 4배가 되기 때문에 4배 큰 그림을 그릴 수 있다.

D

C

B

E

A

F

G

두 번째 이음매

d

c

e

b

f

a

g

첫 번째 이음매

기준점

왼쪽은 고무줄 3개를 사용해서 넓이를 9배로 확대하는 장면이다. 고무줄을 3개 잇고 첫 번째 이음매를 원래 도형의 윤곽선에 따라 움직인다. 그림의 f에 첫 번째 이음매가 있을 때 기준점부터 f까지가 고무줄 1개의 길이, 기준점부터 F까지가 고무줄 3개의 길이다.

더 알아보기

변의 길이가 2배, 3배라면 넓이는 4배, 9배

정사각형의 한 변의 길이가 1m인 경우, 넓이는 $1 \times 1 = 1m^2$ 다. 한 변이 2배인 2m가 되면, 넓이는 $2 \times 2 = 4m^2$ 이므로 4배가 된다. 한 변이 3배인 3m가 되면, 넓이는 $3 \times 3 = 9m^2$ 이므로 9배가 된다.

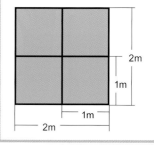

2m

1m

1m

2m

4배 확대기

4배 크기의 그림을 쉽게 그릴 수 있는 '4배 확대기'를 만들어보자. 원리는 앞 페이지에서 고무줄을 사용하는 방법과 같다.

준비물

● 두꺼운 종이 또는 플라스틱 판
● 가위 ● 핀 ● 쇠고리 ● 펀치
● 쇠고리 고정기(또는 구슬과 망치)

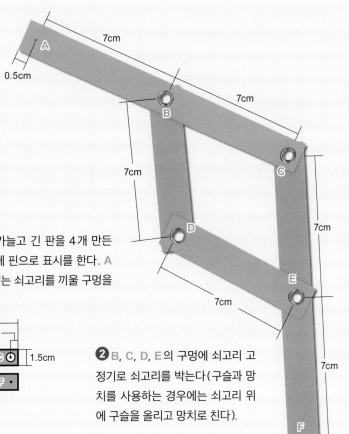

❶ 두꺼운 종이를 가위로 잘라 그림처럼 가늘고 긴 판을 4개 만든다. 끝에서 0.5cm의 위치와 긴 판의 중심에 핀으로 표시를 한다. **A**와 **F**에는 핀으로 구멍을 내고 **B**, **C**, **D**, **E**에는 쇠고리를 끼울 구멍을 펀치로 뚫는다.

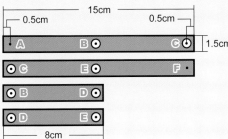

❷ **B**, **C**, **D**, **E**의 구멍에 쇠고리 고정기로 쇠고리를 박는다(구슬과 망치를 사용하는 경우에는 쇠고리 위에 구슬을 올리고 망치로 친다).

사용하는 법

❶ **A**에 핀을 꽂아 고정한다.

❷ **F**에 연필을 꽂는다.

❸ **D**의 구멍이 원래 그림의 윤곽선을 따라가도록 연필을 움직이면, 원래 그림의 4배 크기로 그림을 그릴 수 있다.

이곳을 보면서 그린다.

11. 잘 회전하는 팽이는 어느 것?

팽이는 보통 둥근 모양이다.
그러나 사진처럼 들쑥날쑥한 팽이도
'무게중심' 위치에 축을 꽂기만 하면
잘 회전한다.

들쑥날쑥하지만
잘 회전하는
팽이!

사각형의 무게중심

● 무게중심은 물체를 매달았을 때 한쪽으로 기울지 않고 균형을 잡을 수 있는 점이다. 평행사변형, 마름모꼴, 직사각형, 정사각형은 2개의 대각선이 교차하는 곳에 무게중심이 있다.

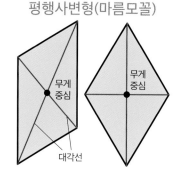

평행사변형(마름모꼴)

무게중심

무게중심

대각선

직사각형

무게중심

정사각형

무게중심

삼각형의 무게중심

● 삼각형은 어떤 모양이든지 꼭짓점과 그 반대편 변의 중점(변의 한가운데 점)을 이은 선이 교차하는 곳에 무게중심이 있다. 삼각형에는 꼭짓점이 3개 있는데, 무게중심을 찾아내기 위해서는 2개의 선만 그어도 된다.

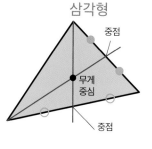

삼각형

중점

무게중심

중점

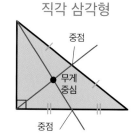

직각 삼각형

중점

무게중심

중점

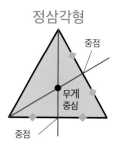

정삼각형

중점

무게중심

중점

여러 가지 팽이

어떤 형태의 도형이라도 반드시 무게중심이 있다.
무게중심을 찾아내는 방법을 소개한다.

준비물
●실 ●압정 ●추(찰흙, 지우개, 동전 등) ●두꺼운 종이
●연필 ●이쑤시개 ●본드

❶ 실의 양쪽 끝에 압정과 추를 단다.

❷ 두꺼운 종이로 여러
가지 형태를 만들고 각 형
태의 꼭짓점 부근에 압정
을 꽂아 추를 매단다(오
른쪽 그림). 실을 따라 선
을 긋는다.

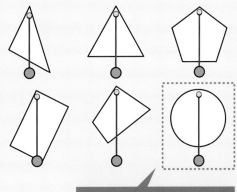

원에는 꼭짓점이 없으므로 원둘레에
가까운 곳 중 아무 데나 압정을 꽂는다.

❸ 또 다른 꼭짓점에 압정을 꽂고 ❷
와 마찬가지로 실을 따라 선을 긋는
다.

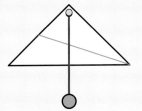

❹ 두 선이 교차하는 곳에
표시한다. 이곳이 무게중심
이다.

무게중심

❺ 무게중심에 압정으로 구멍
을 뚫고, 이쑤시개를 꽂아 본드
로 붙인다.

약 $\frac{2}{3}$

두꺼운 종이와 수직
이 되도록 꽂는다.

내심과 외심

삼각형의 세 내각을 각각 2등분하는 선들이 교차하는 점
을 '내심' 이라고 한다. 내심에서 각 변까지의 길이는 같
은데, 이 길이를 반지름으로 하고 내심을 중심으로 삼는
원을 그릴 수 있다. 이것을 내접원이라고 한다.
또한 삼각형의 각 변을 수직으로 이등분하는 선(수직 이

등분선)이 교차하는 점을 '외심' 이라고 한다. 외심에서
삼각형의 세 꼭짓점까지의 길이는 같은데, 이 길이를 반
지름으로 하고 외심을 중심으로 삼는 원을 그릴 수 있다.
이것을 외접원이라고 한다.

내심과 내접원의 그림

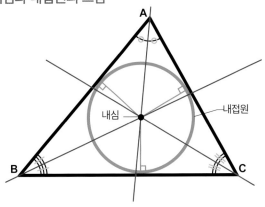

외심과 외접원의 그림

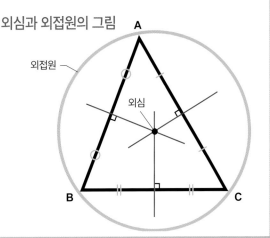

12. 한붓그리기

선으로 이루어진 도형 위의 한 점에서 출발
해서 같은 선을 두 번 지나지 않고
연속으로 모든 선을 지날 수 있는 경우,
그 도형은 '한붓그리기를 할 수 있다'고 말한다.

Q 문제

1 ~ 9 의 도형은 한붓그리기를 할 수 있을까, 없을까?

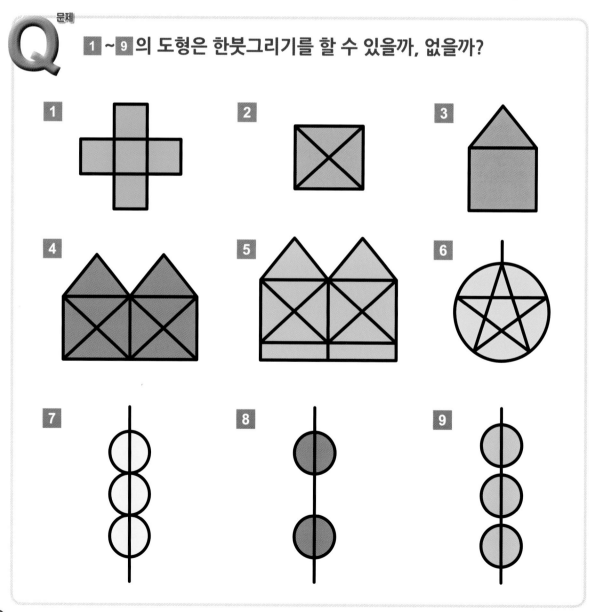

→ 답은 95페이지에

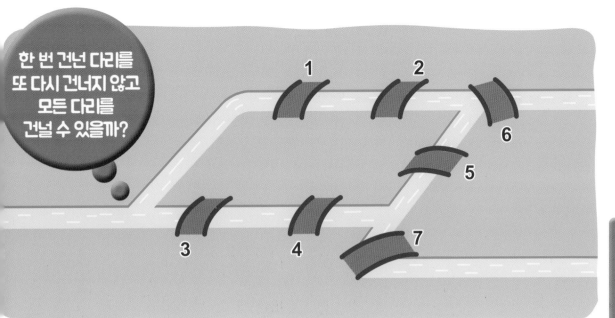

'쾨니히스베르크의 다리' 문제

● 쾨니히스베르크(현재는 러시아의 칼리닌그라드)라는 도시에는 위의 그림과 같은 강에 7개의 다리가 놓여 있었다. 이 도시에서 '같은 다리를 두 번 건너지 않고 모든 다리를 건너 원래 장소로 돌아올 수 있는가?' 라는 문제가 탄생했다.

오일러의 고민

● 1736년에 수학자 오일러는 이 문제를 듣고 오른쪽 그림처럼 육지를 점으로, 다리를 선으로 바꾼 후 이 선을 한붓그리기로 그릴 수 있는지 고민했다. 그리고 그는 이내 '불가능하다' 라는 답을 내놓았다고 한다.

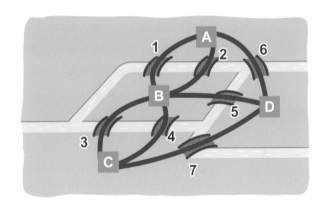

한붓그리기를 할 수 있는 조건

● 도형의 꼭짓점과 선을 눈여겨보면, 하나의 점에서 나가는 선이 홀수인 경우와 짝수인 경우가 있음을 알 수 있다. 홀수의 선이 나가는 점을 홀수점, 짝수의 선이 나가는 점을 짝수점이라고 부른다.

● 한붓그리기를 할 수 있는 그림은 반드시 아래의 조건 가운데 하나를 만족해야 한다.

▶ 짝수점만으로 이루어져 있다(홀수점이 없다).

▶ 홀수점이 2개다.

선이 2개이므로 짝수점 ←짝수점

선이 3개이므로 홀수점 ←홀수점

선이 2개이므로 짝수점 ←짝수점

그림				
홀수점의 수	2개	없음	4개	4개
짝수점의 수	없음	4개	1개	4개
한붓그리기	가능	가능	불가능	불가능

선대칭과 점대칭

하나의 선을 기준으로 접었을 때 양쪽이 완전히 똑같은 도형이 되면
선대칭이라고 한다. 또한 어느 한 점을 중심으로 180° 회전시켰을 때
원래 도형과 똑같으면 점대칭이라고 한다.

선대칭

이등변 삼각형의 한가운데에 선을 긋는다.
이 선을 중심으로 접으면 양쪽이 완전히
겹쳐지는 직각 삼각형이 된다.

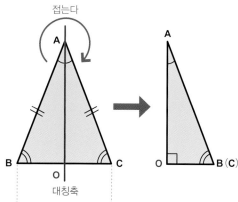

접는다

A

B   O   C
대칭축

대응하는 점

A

O   B(C)

여러 가지 선대칭

나비

타지마할

  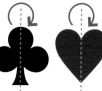

트럼프의 무늬

점대칭

평행사변형은 무게중심을 중심으로 180°
회전시켜도 회전하기 전과 모양이 달라지
지 않는다.

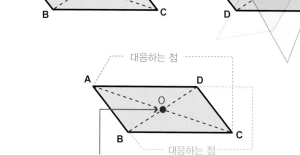

A   D

B   C

180°

C   B

D   A

대응하는 점

A   D

O

B   C

대칭의 중심

대응하는 점

여러 가지 점대칭

영국 국기

주차 금지
표지판

트럼프

PART3

길이와 양 그리고 측정

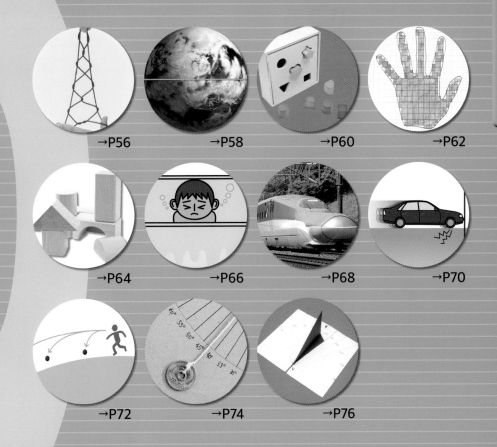

1.같은 길이

실뜨기 실의 길이는 늘 일정하다.
만들어진 모양을 잘 살펴보면
평면 도형이 여러 개 생겨난다는
사실을 알 수 있다.
그 도형 주변 길이의 합계는
2단 사다리든, 3단 사다리든,
4단 사다리든,
탑이든 모두 똑같다.

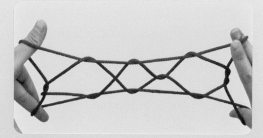

3단 사다리

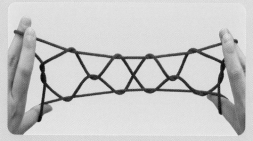

4단 사다리

실의 길이는
모두 똑같다.

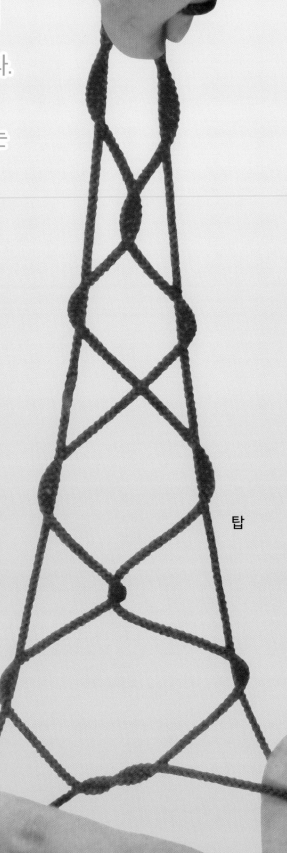

탑

2단 사다리 만드는 법

실제로 실뜨기를 해서 실의 길이를
직접 느껴보자!

준비물
● 실뜨기 실

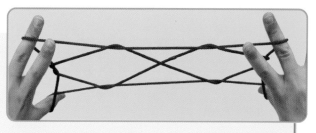

❶ 사진처럼
준 비 하 고,
엄지손가락
에서 ★을 뺀
다.

❷ 새끼손가락에 걸려 있는 ●를 엄지손가락에 건다.

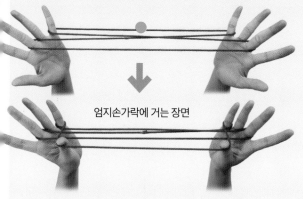

엄지손가락에 거는 장면

❸ 가운뎃손가락에 걸려 있는 ▲를 엄지손가락에 건다.

❹ 엄지손가락에 걸려 있는 ■를 뺀다.

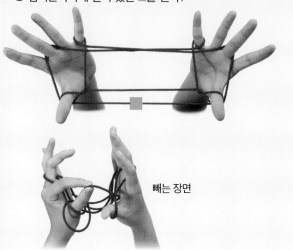

빼는 장면

❺ 엄지손가락 근처에 생긴 고리 ◆ 속에 가운뎃손가락
을 넣는다.

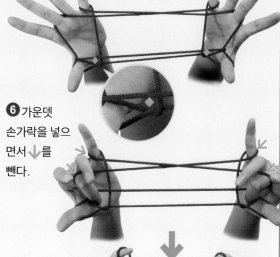

❻ 가운뎃
손가락을 넣으
면서 ↓를
뺀다.

빼는 장면

❼ 가운뎃손가
락으로 누르면
서 양쪽 손바닥
을 반대편으로
향하게 한다.

엄지손가락과
가운뎃손가락을
편다.

2단 사다리 완성!

2. 튀어나온 똥배

다이어트 성공! 바지가 헐렁해졌다.
허리둘레를 원으로 보면
그 지름과 허리띠 위치의 관계를
확실히 알 수 있다.

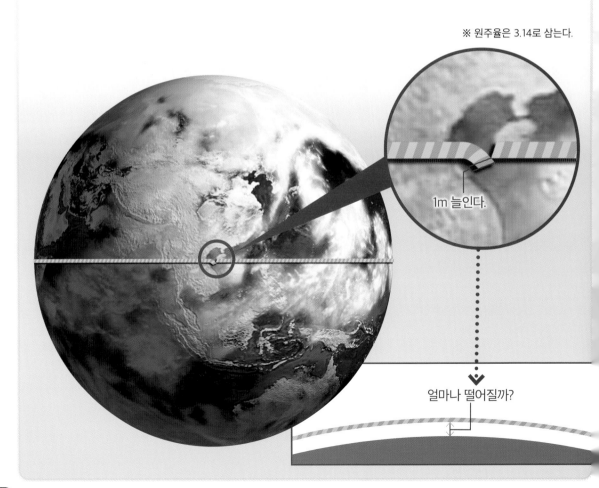

Q 문제

지구가 완전히 둥글고 그 지구의 적도에 끈을 두를 수 있다면, 끈의 길이는 약 40,000km다. 그 끈을 1m만 길게 늘이면 헐렁해진 끈은 지면에서 얼마만큼 떨어지게 될까?

※ 원주율은 3.14로 삼는다.

1m 늘인다.

얼마나 떨어질까?

→ 답은 95페이지에

원둘레의 길이

● 원둘레의 길이가 지름 길이의 몇 배인지를 나타내는 수치가 '원주율'이다. 원주율은 원둘레÷지름으로 구할 수 있다. 그 수치는 원의 크기와 상관없이 약 3.14이며, 그리스 문자 π(파이)로 나타낸다. 원둘레의 길이는 지름에 약 3.14(π)를 곱한 값이다. 반대로 원둘레의 길이를 약 3.14(π)로 나누면 지름의 길이가 된다.
- **원둘레 = 지름×약 3.14(π)**
- **지름 = 원둘레÷약 3.14(π)**

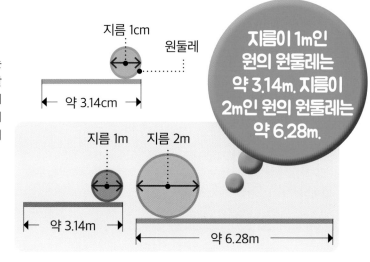

지름 1cm
원둘레
약 3.14cm

지름 1m　지름 2m
약 3.14m
약 6.28m

지름이 1m인 원의 원둘레는 약 3.14m. 지름이 2m인 원의 원둘레는 약 6.28m.

π (원주율)을 구하는 법

● π(원주율)로는 보통 3.14를 사용하지만(더 간단히 3을 사용하기도 함), 실제로 π는 소수점 이하의 수치가 무한히 계속되는 값이다. 또한 π는 고대 그리스의 수학자 아르키메데스가 최초로 구했다고 알려져 있다. 아르키메데스는 원둘레가 원에 내접하는 평면 도형의 둘레 길이보다 크지만 외접하는 평면 도형의 둘레 길이보다는 짧다는 사실을 알아차렸다. 그리고 정오각형→정팔각형→……으로 꼭짓점의 개수를 점점 늘려가면서 정구십육각형까지 만들어서 약 3.14라는 수치를 구했다고 한다.

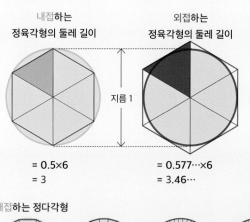

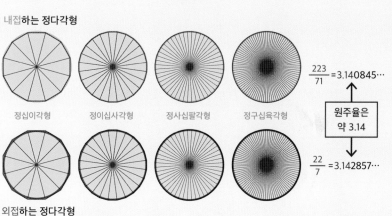

다각형으로 원주율 구하기

① 지름 1인 원에 내접하는 정육각형은 한 변의 길이가 원의 반지름(0.5)과 같은 정삼각형 6개로 나눌 수 있다. 즉 원에 내접하는 정육각형의 둘레 길이는 0.5×6=3이 된다.

내접하는 정육각형의 둘레 길이

외접하는 정육각형의 둘레 길이

지름 1

= 0.5×6
= 3

= 0.577…×6
= 3.46…

② 지름 1인 원에 외접하는 정육각형은 한 변의 길이가 약 0.577…(피타고라스의 정리로 구함)이 된다. 즉 원에 외접하는 정육각형의 둘레 길이는 0.577×6=3.46…이 된다.

③①②에서 원둘레는 3보다 크고 3.46…보다 작다는 사실을 알 수 있다.
3 < 원둘레 < 3.46…
↓
아르키메데스가 정구십육각형까지 계산한 결과,
원에 내접하는 정구십육각형의 둘레 =3.140845…
원에 외접하는 정구십육각형의 둘레 =3.142857…
이었고, 원주율은 약 3.14임을 알 수 있었다.

내접하는 정다각형

정십이각형　정이십사각형　정사십팔각형　정구십육각형

외접하는 정다각형

$\frac{223}{71}$ = 3.140845…

원주율은 약 3.14

$\frac{22}{7}$ = 3.142857…

3. 바깥지름과 안지름

파이프의 지름에는 '바깥지름' 과
'안지름' 이 있다. 바깥지름에서
안지름을 빼고 2로 나눈 수치가
파이프의 '두께' 가 된다.

바깥지름
안지름
두께

 문제

아래와 같은 2개의 파이프가 있다. 두꺼운 파이프 안에 가느다란
파이프를 넣을 수 있을까?

두꺼운 파이프

바깥지름
30mm

안지름
25mm

두께 2.5mm

가느다란 파이프

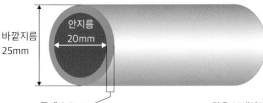

바깥지름
25mm

안지름
20mm

두께 2.5mm

→ 답은 95페이지에

두꺼운 파이프의
안지름 너비와
가느다란 파이프의
바깥지름 너비를
생각하면⋯⋯

삼각형과
사각형의 치수는
나무 상자에 뚫린
구멍의 치수(안지름)
보다 약간 작게
만들어졌다.

원의 넓이를 구하는 법을 생각한다.

● 원의 넓이를 구하는 공식은 반지름×반지름×약 3.14(π)다. 이는 원을 등분했을 때 나오는 부채꼴을 한 줄로 늘어놓는다고 생각하면 이해하기 쉽다. 아래 그림은 원을 점점 가늘게 등분하는 모습을 보여준다.

$$원의\ 넓이 = 반지름×반지름×π = 반지름×(지름×π÷2)$$

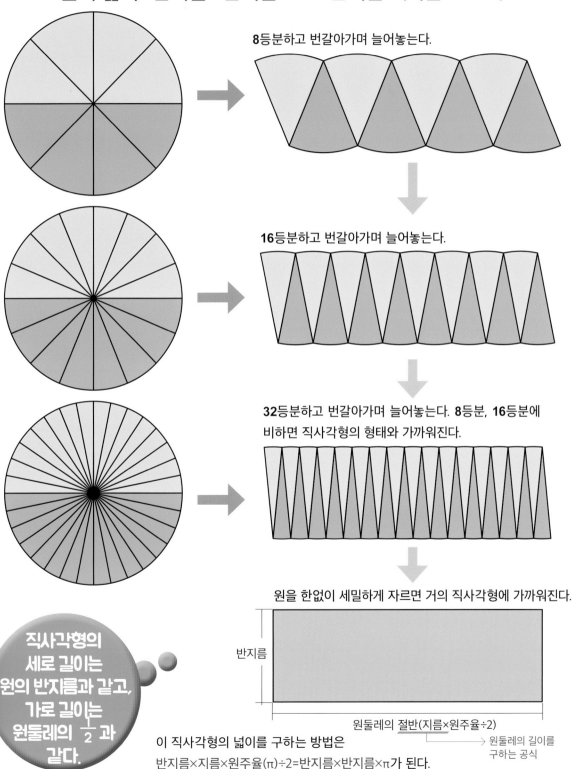

8등분하고 번갈아가며 늘어놓는다.

16등분하고 번갈아가며 늘어놓는다.

32등분하고 번갈아가며 늘어놓는다. 8등분, 16등분에 비하면 직사각형의 형태와 가까워진다.

원을 한없이 세밀하게 자르면 거의 직사각형에 가까워진다.

반지름

원둘레의 절반(지름×원주율÷2)

→ 원둘레의 길이를 구하는 공식

직사각형의 세로 길이는 원의 반지름과 같고, 가로 길이는 원둘레의 $\frac{1}{2}$ 과 같다.

이 직사각형의 넓이를 구하는 방법은
반지름×지름×원주율(π)÷2=반지름×반지름×π가 된다.

4. 들쑥날쑥한 모양의 크기를 알아보기

사진과 같은 어른 손의 넓이를 되도록이면 정확히 구하기 위해서는 모눈종이에 손 모양을 본뜬 후 손 안에 $1cm^2$의 칸이 몇 개 들어가는지 세어야 한다.

1cm의 칸이 그려진 모눈종이

❶ 모눈종이 위에 손을 놓고 연필로 손 모양을 본뜬다.

❷ 본뜬 손 모양에 완전히 들어가는 $1cm^2$의 칸이 몇 개인지 센다. 약간 삐져나온 칸도 하나로 센다. 이렇게 센 칸에 색을 칠한다(오른쪽 사진의 갈색).

❸ ❷에서 색을 칠하지 않은 부분에 한 변이 0.5cm인 칸($0.25cm^2$)이 몇 개 있는지 센다. 약간 삐져나온 칸도 하나로 센다. 이렇게 센 칸에는 ❷와는 다른 색을 칠한다(오른쪽 사진의 파란색).

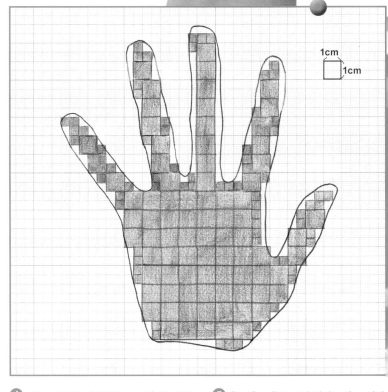

1cm
1cm

❹ 남은 부분에 한 변이 1mm인 칸($0.01cm^2$)이 몇 개 있는지 센다.

❺ ❷+❸+❹로 손의 넓이를 알 수 있다

지도상에서 넓이를 재는 법

축척이 100만분의 1인 지도를 사용해서 지도상에서 넓이를 구하는 법을 살펴보자. '축척이 100만분의 1'이라는 말은 '지도상에서 잰 길이에 100만배를 하면 실제 길이가 나오도록 축소했다' 는 뜻이다.

❶ 지도에서 넓이를 재고 싶은 부분의 윤곽을 트레이싱지에 연필로 베껴 그린다.

❷ 윤곽을 베껴 그린 트레이싱지를 모눈종이에 올리고, 윤곽을 따라 볼펜으로 강하게 덧그린다.

❸ ❷에서 강하게 덧그릴 때 모눈종이에 묻은 볼펜의 흔적을 따라 연필로 다시 한 번 그린다. 앞 페이지와 같은 방법으로 1cm²인 칸, 0.25cm²인 칸의 수를 센다.

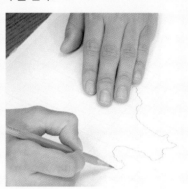

❹ 지도상의 **1cm**는 **1×100만=100만cm=10,000m=10km**다. 지도상의 **0.5cm**는 **0.5×100만=50만cm=5,000m=5km**다. 따라서 지도상에서 **1cm²**인 칸 하나의 실제 넓이는 **10×10=100 km²**가 된다. 또한 지도상에서 **0.25cm²**인 칸 하나의 실제 넓이는 **5×5=25km²**가 된다. 아오모리 현의 경우 1cm²인 칸이 79개, 0.25cm²인 칸이 70개이므로, **100(km²)×79+25(km²)×70= 9,650km²**라는 계산이 나온다(실제로 아오모리 현의 넓이는 9,645.40 km²).

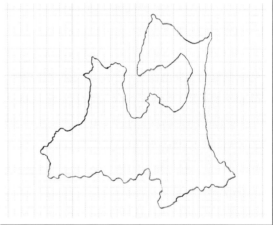

더 알아보기

토지의 넓이를 조사하는 국토지리원

위의 방법으로 직접 구한 넓이가 올바른지 알고 싶을 때는 일본 국토지리원이 발행하는 '전국 도도부현·시구정촌별 면적 조사'를 참조하면 도움이 된다. 덧붙여, 국토지리원에서 실시하는 면적 조사 방법도 기본적으로는 위의 방법과 같다. 다만 국토지리원에서는 윤곽을 그리거나 계산하는 일을 전부 컴퓨터에 맡겨서 더욱 정밀하게 조사한다는 점이 다르다.

5. 공의 겉넓이

원의 넓이는 반지름×
반지름×π(→p.59)로
구할 수 있으며, 구의
겉넓이는 같은 반지름을
지닌 원의 넓이에
4배를 해서 구할 수 있다.
이는 아래 그림을 보면
쉽게 연상할 수 있다.

야구공을
평면 전개도로
펼친 이미지

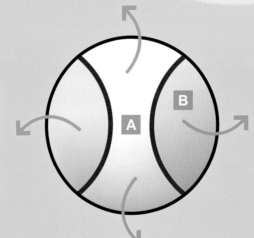

A
반지름×반지름×π

반지름×반지름×π

B
반지름×반지름×π   반지름×반지름×π

※ 실제 야구공의 전개도는 위의 그림처럼 둥글
지는 않다. 여기에서는 원 넓이의 4배라는 사
실을 연상할 수 있도록 일부러 둥글게 그렸다.

입체의 겉넓이를 구하는 법

● 입체의 겉넓이는 각 면의 넓이를 합한 값이다. 원뿔은 전개도 (→ p.26)
를 보면 알 수 있듯이, 밑면인 원의 넓이와 옆면의 넓이를 합하면 된다.

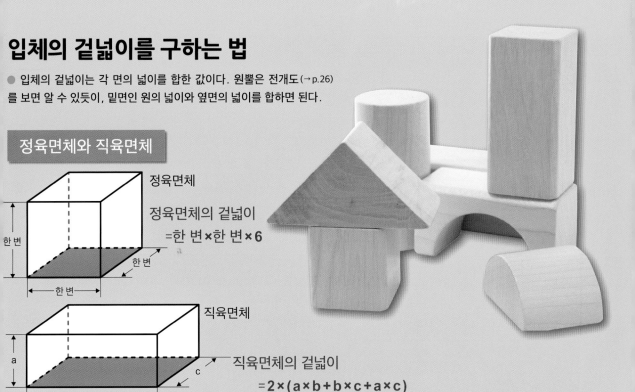

정육면체와 직육면체

정육면체

정육면체의 겉넓이
=한 변×한 변×6

한 변

한 변

한 변

직육면체

직육면체의 겉넓이
=2×(a×b+b×c+a×c)

a

b

c

각기둥과 원기둥

각기둥과 원기둥의 겉넓이=밑넓이×2+옆넓이

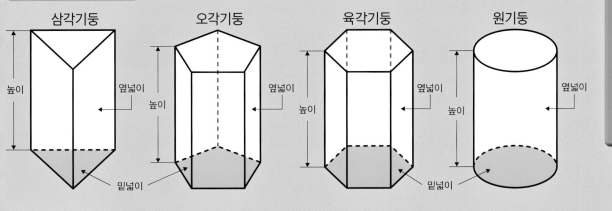

삼각기둥
높이
옆넓이
밑넓이

오각기둥
높이
옆넓이
밑넓이

육각기둥
높이
옆넓이
밑넓이

원기둥
높이
옆넓이
밑넓이

각뿔과 원뿔

각뿔과 원뿔의 겉넓이=밑넓이+옆넓이

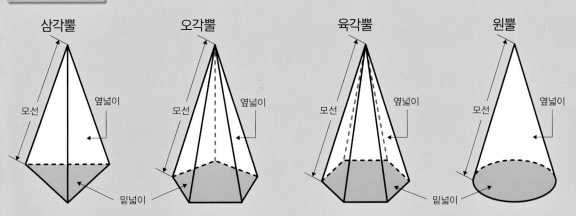

삼각뿔
모선
옆넓이
밑넓이

오각뿔
모선
옆넓이
밑넓이

육각뿔
모선
옆넓이
밑넓이

원뿔
모선
옆넓이
밑넓이

6. 사과와 바나나 중 어느 쪽이 클까?

모양이 불규칙한
과일의 부피를
재는 방법은?

과일 중에서는 언뜻 봐도 멜론과 파인애플이 크고, 귤과
레몬이 작다. 그러면 사과와 바나나 가운데 더 큰 과일은
무엇일까? 무게는 저울에 달아보면 금방 알 수 있는데,
크기는 어떻게 비교할까?

물로 비교한다!

● 사과와 바나나의 각 부피를 물로 환산해서 물의 양으로 비교할 수 있다. 아래와 같은 방법을 사용한다.

❶ 커다란 볼에 작은
볼을 넣는다.

❷ 작은 볼에 물을 가득 넣고,
사과를 살짝 담근다. 사과 전체가
수면 아래로 완전히 잠길
때까지 누른다.

❸ 사과를 꺼내고 커다란 볼에 흘러넘친 물의 양을 기
록한다. 이것이 사과의 부피가 된다. 바나나도 같은 방
법으로 부피를 재서 비교하면 어느 쪽의 부피가 더 큰
지 알 수 있다.

자신의 부피를 재보자.

● 자기 몸의 부피를 재기 위해서는 앞 페이지의 방법에서 볼 대신에 욕조를 사용한다. 흘러넘친 물을 받아서 재기는 어렵기 때문에 아래와 같이 하면 된다.

1 욕조에 물을 가득 담는다.

2 살며시 욕조에 들어간다(가능하면 머리끝까지 물에 넣는다).

3 욕조에서 살며시 나와서, 페트병처럼 물의 양을 쉽게 잴 수 있는 용기로 흘러넘친 물의 양만큼 도로 물을 채워 넣는다. 1L가 1,000cm³라는 점을 이용해서 부피를 구할 수 있다.

※ 이 실험은 가족에게 허락을 받고 하기 바란다. 위험할 수 있기 때문에 너무 무리하게 머리끝까지 넣으려고 하지 않는다.

> **더 알아보기**

북극의 얼음이 모두 녹으면?

지구온난화가 진행되면서 지구의 온도가 높아지면 지구의 얼음이 녹게 된다. 남극에는 지구상의 얼음 가운데 80% 이상이 존재하며, 그 두께는 최대 4,500m, 평균 2,450m로 추측된다. 또한 그린란드에는 높은 산꼭대기 등에 물이 만년빙으로 존재한다. 바다에 떠 있는 두꺼운 얼음 덩어리인 북극도 있다. 만약 그러한 지구상의 얼음이 전부 녹아버리면 해수면은 70m 상승한다는 계산이 나온다. 그렇게 되면 도쿄 타워의 5분의 1 정도가 물에 잠기고, 도쿄는 고층 건물 외에는 모두 수몰되고 말 것이다.

지구온난화로 부피가 줄어들고 있는 남극의 얼음

7. 투수가 던지는 공의 속도

프로 야구 투수가 던지는 공의 속도와, 고속도로를 달리는 자동차의 속도 가운데 어느 쪽이 더 빠를까? 직접 비교하기는 힘들기 때문에 측정기를 사용해서 수치로 나타낸 후 비교한다.

프로 야구 투수가 던지는 공은 고속도로를 달리는 자동차보다 빠르다.

프로 야구 투수가 던지는 공: 시속 150km > 고속도로를 달리는 자동차: 시속 100km

스피드건

사진 제공
미즈노 주

최대 풍속 50m의 바람과 신칸센은 어느 쪽이 빠를까?

● 태풍의 속도는 보통 초속 ○○m라고 표현한다. 이는 1초 동안에 ○○m를 나아갈 수 있는 속도라는 뜻이다. 초속 50m는 시속으로 바꾸면, 50m×60초×60분=180,000m/h=180km/h에 해당한다. 신칸센의 속도는 350km/h이므로, 신칸센은 태풍이 만들어내는 바람의 속도보다 빠르다고 할 수 있다.

도호쿠 신칸센인 '하야부사'는 우쓰노미야 역-모리오카 역 사이에서 최고 속도 320km/h로 운행된다.

Q 어느 쪽이 더 빠를까?

1 초등학교 5학년 남학생 50m 달리기(전국 평균) **VS** 여자 마라톤 세계기록의 평균 속도

2 초등학교 5학년 여학생 50m 달리기(전국 평균) **VS** 남자 평영 50m 세계기록

3 프로 야구 투수가 던지는 공 **VS** 배드민턴의 스매시

4 탁구의 스매시 **VS** 배드민턴의 샷

5 고속도로의 법정 최고 속도 **VS** 치타가 달리는 속도

6 스피드 스케이트 선수 (500m 레이스) **VS** 우사인 볼트(100m 달리기)

7 경주마의 평균 속도 **VS** 여자 소프트볼 일본 대표 투수가 던지는 공

© Inge Schepers | Dreamstime.com

8 스키점프 (도약할 때) **VS** 자전거 로드레이스의 평균 속도

봅슬레이 4인승(최고 속도) **VS** 모터사이클 로드레이스(최고 속도)

점보제트기의 순항속도 **VS** 우주왕복선 (지구 둘레를 돌 때)

→ 답은 95페이지에

8. 충돌! 할까, 안 할까?

자동차의 정지거리(브레이크를 밟는 순간부터
정지할 때까지의 거리)는 속도가 빠를수록 길어진다.
따라서 고속으로 달릴 때는 차간거리(앞에서 달리는 자동차와의
거리)를 충분히 확보해야 한다.

건조한 포장도로를 달리는
승용차의 표준 정지거리

● 자동차가 브레이크를 밟고 나서 정지할 때까지의 거리
를 나타내는 정지거리는 표와 같다. 표에서는 시속 40km
인 경우에 정지거리가 22m, 시속 60km인 경우에 정지
거리가 44m임을 알 수 있다. 이 정지거리가 차간거리의
표준이라 할 수 있다.

자동차의 시속과 정지거리

(시속)	공주거리	제동거리	
20km	6	3	9m
30km	8	6	14m
40km	11	11	22m
50km	14	18	32m
60km	17	27	44m

0　　　　10　　　　20　　　　30　　　　40　45 (m)
(멈출 때까지의 거리)

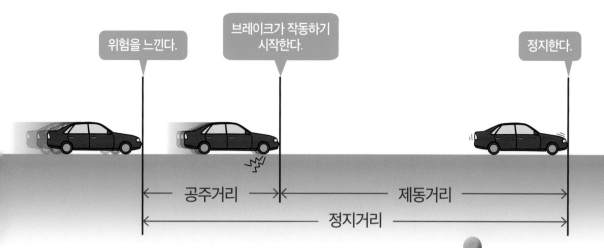

위험을 느낀다.

브레이크가 작동하기 시작한다.

정지한다.

공주거리

제동거리

정지거리

공주거리는 속도에 비례해서 늘어나고,
제동거리는 속도×속도에 비례해서 늘어난다.

● 정지거리는 공주거리와 제동거리를 합한 수치다. 공주거리란 운전자가 위험을 느끼고 브레이크를 밟을 때 브레이크가 작동을 시작하기 전까지 자동차가 달리는 거리다. 제동거리는 브레이크가 작동하기 시작해서 자동차가 멈출 때까지의 거리다. 앞 페이지의 그래프를 보면 공주거리는 속도가 10km/h 빨라질 때마다 약 3m씩 늘어난다. 한편, 제동거리는 속도의 제곱에 비례해서 늘어난다(예: 속도가 2배가 되면 제동거리는 약 4배가 되고, 속도가 3배가 되면 제동거리는 약 9배가 된다).

공주거리 및 제동거리와 정지거리와의 관계

더 알아보기

최첨단 기술 덕분에 줄어들고 있는 정지거리

전방에서 달리는 자동차와 충돌할 위험이 생겨서 운전자가 브레이크를 밟을 때 브레이크의 힘을 강력히 보조하는 시스템이 최근에 개발되었다. 이 시스템 덕분에 설령 운전자가 브레이크를 밟지 못하더라도 전방에서 달리는 자동차와의 상대적인 속도 차이가 50km/h가 되면 충돌을 회피하거나 피해를 줄일 수 있다.

전방에서 사람이나 물체를 감지했을 때 경고음을 내거나 자동으로 속도를 줄이는 등의 시스템을 실험하는 장면.

사진 제공: 후지중공업 주식회사

9. 공의 속도와 포물선

높이 던진 공은 부드러운 곡선을 그리면서 떨어진다.
바닥에 닿으면 비스듬히 위로 튀어올랐다가
또 다시 떨어진다.
이 공이 그리는 곡선을
'포물선'이라고 한다.

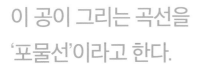

파라볼라 안테나의 비밀

● 영어로 포물선을 파라볼라(parabola)라고 한다. 사진은 거리에서 흔히 볼 수 있는 파라볼라 안테나다. 파라볼라 안테나 위에서 공을 떨어뜨리면, 그 공은 안테나의 어디에 떨어지더라도 그림과 같이 튕겨 한가운데 지점으로 몰리게 된다.

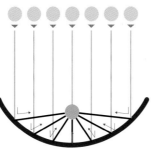

인공위성이 지구 주위를 도는 원리

● 공을 지면과 수평으로 던지면 공은 포물선을 그리며 지면으로 떨어진다. 공의 속도가 점점 빨라지면 더 멀리 날아가고 차츰 공이 날아가는 궤적은 지구의 곡선과 가까워진다. 속도가 더욱 빨라지면 결국에는 지면의 곡선과 평행해져서 지구 주위를 회전하게 된다. 이것이 바로 인공위성이 지구 주위를 도는 원리다. 공이 인공위성이 되기 위해서는 초속 7.9km(시속 약 28,000km)로 날아가야 한다(실제로는 공이 이토록 빠르게 날아갈 수는 없는 노릇이다).

도시 속의 포물선

● 도시에서도 포물선을 자주 볼 수 있다. 사진에서 알 수 있듯이 포물선은 보는 사람의 마음을 편안하게 만들어준다.

분수가 뿜어져 나오는 모양

물이 세차게 뿌려지는 모양

폭죽이 터지는 모양

트윈 아치 138
(아이치 현)

건축물 속의
포물선

73

10. 지구의 크기를 측정하기

지구의 크기를 처음으로 측정한 사람은
기원전 3세기경에 이집트에서 활약한
고대 그리스의 학자(지리학, 천문학, 수학)
에라토스테네스라고 한다.

인류 최초의
지구 크기
측정법

에라토스테네스의 측정법

● 에라토스테네스는 나일 강을 따라 남북으로 놓인 두 도시, 알렉산드리아와 시에네(현재의 아스완) 사이의 실제 거리를 측정하고, 두 도시의 경도 차이를 통해 지구 둘레를 약 4만 5,000km로 계산했다. 그가 계산한 수치는 현재 알려져 있는 지구 둘레인 약 4만km와 꽤 근접하다.

에라토스테네스
(기원전 275년~기원전 194년경)의 초상.

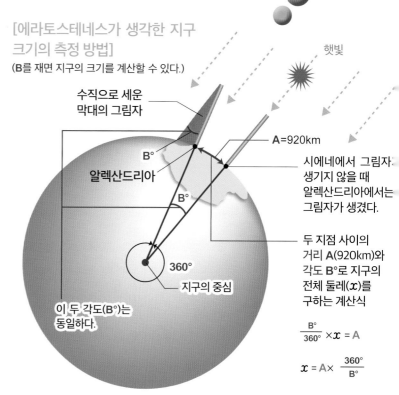

[에라토스테네스가 생각한 지구 크기의 측정 방법]
(B를 재면 지구의 크기를 계산할 수 있다.)

햇빛

수직으로 세운 막대의 그림자

A=920km

B°

알렉산드리아

B°

360°

지구의 중심

이 두 각도(B°)는 동일하다.

시에네에서 그림자가 생기지 않을 때 알렉산드리아에서는 그림자가 생겼다.

두 지점 사이의 거리 A(920km)와 각도 B°로 지구의 전체 둘레(x)를 구하는 계산식

$$\frac{B°}{360°} \times x = A$$

$$x = A \times \frac{360°}{B°}$$

더 알아보기

1m=지구 둘레의 4,000만분의 1

지구의 크기를 알게 되자, 그것을 토대로 여러 가지 단위와 기준이 만들어졌다. 예를 들어 '1m'라는 길이는 지구 둘레의 4,000만분의 1로 정해졌다. 1m의 1,000배가 1km이고, 1m의 100분의 1이 1cm다.

미터의 길이를 정하기 위해 지구의 자오선(북극과 남극을 잇는 선) 길이를 구했다.

북극

자오선

적도

이 거리가 1,000만m가 되었고, 그 1,000만분의 1이 1m로 정해졌다.

올려본각 측정기

앞 페이지에서 수직으로 세운 막대의 위쪽을 올려다볼 때의 각도
(올려본각)를 재는 데 사용한 '올려본각 측정기'를 만들어보자.

준비물
● 두꺼운 종이 ● 각도기 ● 자 ● 연필
● 연줄 ● 동전 ● 이쑤시개

❶ 세로 15cm, 가로 24cm의 두꺼운 직사각형 종이에 오른쪽 그림처럼 각도기를 사용해서 0°부터 90°까지의 눈금을 그린다. 눈금은 0°부터 10°까지는 1° 간격으로, 10° 이상에서는 5° 간격으로 그린다.

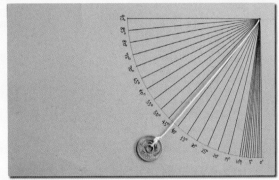

❷ 길이 약 15cm의 연줄에 동전을 매단다. 반대편 끝에는 반으로 부러뜨린 이쑤시개를 매단다.

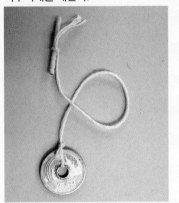

❸ A 지점에 구멍을 뚫고, **❷**의 이쑤시개를 꽂으면 완성!

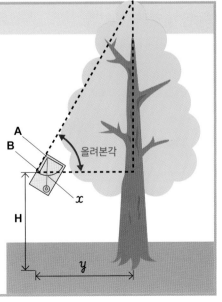

더 알아보기

올려본각 측정기를 사용해서 나무의 높이를 재려면?

❶ 올려본각 측정기를 손에 든 위치에서 지면까지의 높이(H)를 잰다.

❷ AB를 연장한 선이 나무 꼭대기와 맞도록 올려본각 측정기를 기울인다.

❸ 연줄이 가리키는 눈금(x)을 읽는다.

❹ 자신이 서 있는 곳에서 나무까지의 거리(y)를 줄자 등으로 측정한다.

❺ y의 100분의 1의 거리를 밑변으로 삼고, 올려본각(x)을 밑변과 빗변 사이의 각도로 삼는 직각 삼각형을 종이에 그린다.

❻ Z의 길이를 자로 잰다.

❼ Z의 길이에 100배를 하고 H(올려본각 측정기의 높이)를 더하면, 지면부터 나무 꼭대기까지의 높이를 알 수 있다.

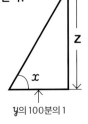

y의 100분의 1

11. 해시계

'해시계'는 햇빛으로 생기는
물체의 그림자 길이와 그림자
위치의 변화로 시각을 알 수 있는 장치다.
기원전 3000년경부터 고대
이집트에서 사용되었지만, 기원은 그보다 더
오래되었을 것으로 여겨진다.

가나가와 현의
에노 섬에 설치된 해시계

세계 각지에서
사용되어온
해시계

우크라이나의 세바스토폴에
있는 해시계

더 알아보기

하루의 길이

어느 특정한 날에 태양이 떠오르는 장소를 기록해두고 (산의 어느 근방 또는 일정한 곳에서 보이는 어느 바위의 위치 등), 다음에 똑같은 장소에서 태양이 떠오를 때까지의 시간을 1년으로 정했다. 그 사이에 365번 낮과 밤이 바뀌므로 1년의 365분의 1을 '하루'로 정했다. 그리고 하루를 24등분한 길이를 '1시간', 1시간을 60등분한 길이를 '1분', 1분을 60등분한 길이를 '1초'라고 정했다.

종이 해시계를 만들어서 사용하자!

해시계는 종이에 각도를 표시해서 만들 수 있다.

❶ 두꺼운 종이를 세로 23cm, 가로 27cm의 직사각형으로 자르고, 밑에서 3.5cm 떨어진 곳에 선을 긋는다.

❷ ❶에서 그은 선의 중점(한가운데)을 수직으로 지나는 선을 긋고, 위쪽에 '북', 아래쪽에 '남'이라고 적는다.

❸ 아래의 표를 보면서 각도기를 사용해서 최대한 정확히 7:00부터 30분 단위로 각도 선을 긋는다.

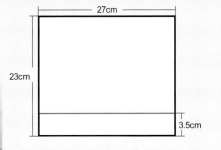

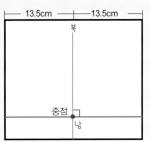

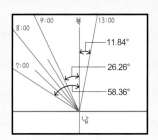

시각과 남북선과의 각도 [도쿄(위도: 북위 36°, 경도: 동경 140°)의 경우]

왼쪽으로(도)	58.36	48.53	40.03	32.69	26.26	20.55	15.37	10.56	6.01	1.59	
시각(시)	7:00	7:30	8:00	8:30	9:00	9:30	10:00	10:30	11:00	11:30	
	12:00	12:30	13:00	13:30	14:00	14:30	15:00	15:30	16:00	16:30	17:00
오른쪽으로(도)	2.79	7.23	11.84	16.73	22.04	27.93	34.58	42.22	51.07	61.27	72.81

❹ 아래 그림처럼 직각 삼각형을 두꺼운 종이로 만든다.

❺ 풀칠하는 부분을 4등분해서 그림처럼 자르고 엇갈려 접어 펼친다.

❻ 눈금판의 남북선을 따라 남쪽에서부터 18.5cm만큼 자른다.

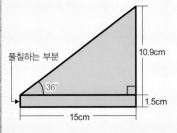

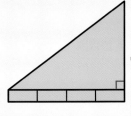

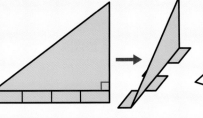

❼ 삼각판을 눈금판의 잘린 부분에 끼워 넣고 눈금판 뒷면에 풀칠해서 삼각판을 고정하면 완성.

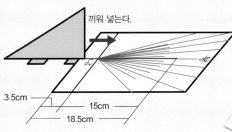

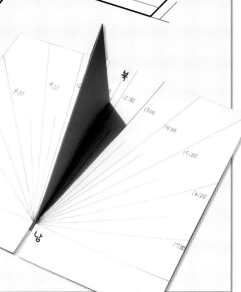

❽ 완성된 해시계의 남북과 실제 남북을 맞추고 햇빛이 비치는 곳에 둔다. 삼각판의 그림자가 드리우는 곳의 선을 보면 현재 시각을 알 수 있다.

손목시계로 남쪽 방향을 알아내는 방법

손목시계와 태양으로 대략적인 방향을 알 수 있다.

태양이 떠오르는 방향은 동쪽이고 태양이 지는 방향은 서쪽이다(정확히 말하면 일본에서는 위도가 북쪽으로 갈수록 태양이 뜨고 지는 방향이 약간씩 틀어진다). 짧은 바늘을 태양 방향에 맞추면 12시 방향과 짧은바늘이 만드는 각도의 한가운데가 남쪽이 된다. 아침 6시쯤이 일출 시각이라면 6시 방향을 가리키는 짧은바늘이 태양이 떠오르는 동쪽으로 향하게 되고, 12시 방향이 서쪽이 되며, 그 한가운데인 9시 방향이 남쪽이 되는 셈이다. 또한 저녁 6시에는 태양이 있는 서쪽으로 짧은바늘이 향하게 되고, 3시 방향이 남쪽이 된다. 정오에는 당연히 태양이 있는 방향이 남쪽이 된다.

태양

남쪽

① 짧은바늘을 태양 방향으로 향하게 한다.

② 짧은바늘과 12시 방향이 만드는 각도의 한가운데가 남쪽이 된다.

PART4

수와 비의
아름다움

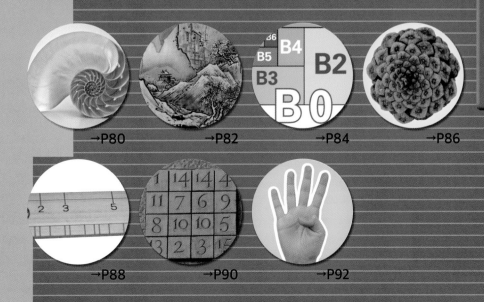

1. 황금비의 신비

1:2, 2:3처럼 두 수량을 비교해서 몇 배인가를 나타내는 관계를 비라고 한다. 이 비가 1:약 1.618일 때 사람은 가장 아름답다고 느낀다. 이것이 바로 '황금비'다.

가장 아름다운 직사각형

● 고대 그리스, 고대 로마 시대의 건축물 중에서도 가장 유명한 파르테논 신전에서는 황금비를 찾아볼 수 있다. 파르테논 신전의 높이가 1이라면 가로 폭은 약 1.618이다.

파르테논 신전의 직사각형 형태에서 높이를 한 변으로 하는 정사각형(왼쪽 Ⓐ)이 생기도록 두 부분으로 나누면, 오른쪽에 세로로 긴 직사각형(오른쪽 Ⓑ)이 생긴다(이를 '황금 직사각형'이라고 한다). Ⓑ를 앞에서와 똑같이 정사각형으로 잘라내면 정사각형의 위쪽에 가로로 긴 직사각형이 생긴다. 이를 몇 번 더 반복하면 오른쪽 그림처럼 된다. 이때 나타나는 모든 직사각형의 가로·세로 비는 황금비를 이룬다.

황금비로 이루어진 파르테논 신전

앵무조개의 나선

● 오른쪽 그림처럼 세로와 가로가 황금비를 이루는 직사각형에서 위의 방법으로 정사각형을 몇 번 잘라낸 후, 각 정사각형의 한 변을 반지름으로 하는 원의 1/4둘레를 그려서 이으면 아름다운 나선이 나타난다. 자연에 존재하는 앵무조개가 이런 형태를 띠고 있다.

앵무조개의 단면도   ©Andybignellphoto:Dreamstime.com

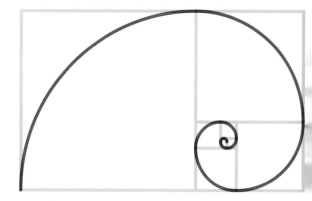

만들어 보자! 황금 직사각형의 작도법

황금 직사각형을 만드는 방법은 다음과 같다.

❶ 정사각형 ABCD를 작도한다.
❷ 변 BC의 중점 M을 찍는다.
❸ M을 중심으로 하고 MD를 반지름으로 하는 원을 그린다.
❹ 변 BC를 C 쪽으로 연장하고, ❸에서 그린 원과의 교점을 P라고 한다.
❺ P를 지나고 변 BC에 수직인 직선을 그린다.
❻ ❺에서 그린 직선과 변 AD의 연장선과의 교점을 Q라고 한다. 직사각형 ABPQ가 황금 직사각형이 된다.

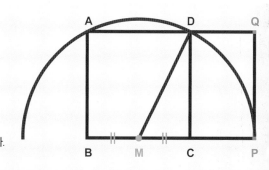

여러 가지 황금비

밀로의 비너스

1820년에 그리스 밀로스 섬에서 발굴된 밀로의 비너스는 발끝에서 배꼽까지, 그리고 배꼽에서 머리 끝까지의 비가 황금비로 되어 있다.

파리의 개선문

세로와 가로의 비율이 황금비다.

태풍 구름의 나선

태풍의 구름은 우주에서 보면 아름다운 나선 모양을 띠고 있다.

©NASA

1

1.618

1

1.618

1

1.618

©Antonio Sena:Dreamstime.com

©Berthold Werner

쿠푸 왕의 피라미드

쿠푸 왕의 피라미드는 원래 높이가 146m(지금은 137m)이고, 밑변이 230m다. 원래 높이와 밑변의 비는 약 1:1.6으로, 이 역시 황금비라고 한다.

「르카미에 부인」

자크루이 다비드의 작품 「르카미에 부인」 속 여성은 황금비의 직사각형에 쏙 들어가도록 그려졌기 때문에 안정되고 아름답게 보인다.

여러 가지 제품

스마트폰

여권

디지털카메라

2. 백은비란?

'백은비'란 1:약 **1.414**(1:$\sqrt{2}$*)로 나타나는 비다.
한 변이 **1cm**인 정사각형의 대각선 길이가
$\sqrt{2}$**cm**=약 **1.414cm**다.

* 제곱했을 때 2가 되는 수를 말한다. '루트 2'라고 부른다.

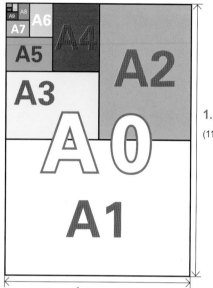

1.414
(1189mm)

1 (841mm)

일본인은 황금비보다 백은비를 좋아한다!

일본의 전통 문화에서 찾아볼 수 있는 백은비

● 1:약 1.414($\sqrt{2}$)로 나타나는 비율은 '야마토비'라고도 하며, '일본인의 미의식을 표현하는 비'로 여겨져왔다.

호류지(法隆寺)의 오층탑을 비롯해 수많은 역사적 건축물에서 백은비를 찾아볼 수 있다. 다다미의 가로와 세로의 비율도 백은비로 되어 있다. 또한 히시카와 모로노부의 우키요에(浮世絵) 작품인 「뒤돌아보는 미인도」와 셋슈의 수묵화 작품인 「추동산수도(秋冬山水図)」의 구도에서도 백은비를 찾아낼 수 있다.

히시카와 모로노부의 작품 「뒤돌아보는 미인도」

에도 시대의 우키요에 화가 히시카와 모로노부가 그린 「뒤돌아보는 미인도」에서는 허리끈에서 머리끝까지, 그리고 허리끈에서 발끝까지의 비가 백은비에 가깝다.

1

1

1.4

1.4

텔레비전의 크기

'○○인치 텔레비전'이라고 말할 때의 인치(기호 : in)는 화면의 대각선 길이를 뜻한다. 따라서 이것만으로는 높이나 너비가 어느 정도인지 금방 알 수 없다. 또한 텔레비전의 세로·가로 비율은 4:3(기존의 표준적인 아날로그 텔레비전 방송) 화면과 16:9 와이드 화면이 있다.

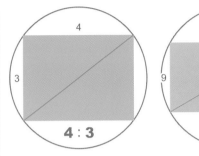

4 : 3

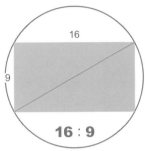

16 : 9

【화면의 치수】

화면 사이즈(대각선)		4 : 3		16 : 9	
in	cm	높이	너비	높이	너비
19	48.3	29.0	38.6	23.7	42.1
20	50.8	30.5	40.6	24.9	44.3
22	55.9	33.5	44.7	27.4	48.7
26	66.0	39.6	52.8	32.4	57.6
28	71.1	42.7	56.9	34.9	62.0
30	76.2	45.7	61.0	37.4	66.4
32	81.3	48.8	65.0	39.9	70.8
37	94.0	56.4	75.2	46.1	81.9
42	106.7	64.0	85.3	52.3	93.0
46	116.8	70.1	93.5	57.3	101.8
50	127.0	76.2	101.6	62.3	110.7
55	139.7	83.8	111.8	68.5	121.8
57	144.8	86.9	115.8	71.0	126.2
60	152.4	91.4	121.9	74.7	132.8
65	165.1	99.1	132.1	80.9	143.9

※ 위의 각 길이는 텔레비전의 테두리를 제외하고 계산한 수치다.

셋슈의 작품 「추동산수도(秋冬山水図)」
그림의 전체적인 구도에서 백은비를 찾아볼 수 있다.

호류지 오층탑

가장 아래쪽 지붕의 길이와 가장 위쪽 지붕의 길이는 백은비를 이룬다.

PART4 수와 비의 아름다움

3. 인쇄용지의 크기

인쇄용지는 짧은 변이 1이라면 긴 변은 약 1.414(√2)로, '백은비'를 이룬다. 인쇄용지는 A판과 B판, 두 종류다.

A0의 넓이는 1m²

● 'A0'라는 종이의 넓이는 1m²다. 그리고 'A0'의 긴 변을 절반으로 자른 것이 'A1'이고, 'A1'을 절반으로 자른 것이 'A2'다. 수치가 커질수록 종이의 크기는 작아진다. 세로·가로의 비율은 모두 백은비(→p.82)를 이룬다.

A0	841 × 1189 mm
A1	594 × 841 mm
A2	420 × 594 mm
A3	297 × 420 mm
A4	210 × 297 mm
A5	148 × 210 mm
A6	105 × 148 mm
A7	74 × 105 mm
A8	52 × 74 mm
A9	37 × 52 mm
A10	26 × 37 mm
A11	18 × 26 mm
A12	13 × 18 mm

만들어 보자!

백은 직사각형의 작도법

백은 직사각형(백은비로 이루어진 직사각형)을 만드는 방법은 다음과 같다.

❶ 정사각형 **ABCD**를 작도한다.
❷ B를 중심으로 하고 **BD**를 반지름으로 하는 원을 그린다.
❸ 변 **BC**를 C 쪽으로 연장하고, **❸**에서 그린 원과의 교점을 P라고 한다.
❹ P를 지나고 변 **BC**에 수직인 직선을 그린다.
❺ **❹**에서 그린 직선과 변 **AD**의 연장선과의 교점을 Q라고 한다.
❻ 직사각형 **ABPQ**가 백은 직사각형이 된다.

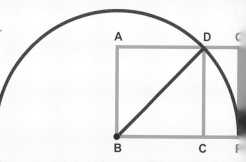

B판

● 인쇄용지의 B판은 넓이가 1.5m²인 직사각형을 B0으로 삼은 일본 규격이다. 일본의 미농지를 바탕으로 생겨났다. 해외에서는 일부 국가를 제외하고는 그다지 쓰이지 않는다. B판도 A판과 마찬가지로 백은비를 이룬다.

B0	1030 × 1456 mm
B1	728 × 1030 mm
B2	515 × 728 mm
B3	364 × 515 mm
B4	257 × 364 mm
B5	182 × 257 mm
B6	128 × 182 mm
B7	91 × 128 mm
B8	64 × 91 mm
B9	45 × 64 mm
B10	32 × 45 mm
B11	22 × 32 mm
B12	16 × 22 mm

1 (1030mm)

B10
B9
B8
B7
B6
B5
B4
B3
B2
B0
B1

1.414
(1456mm)

A5

3

A6

A7

A8

A9

A10

A11

A12

4. 피보나치수열

피보나치수열을 발견한 피보나치는
12~13세기의 이탈리아에서
활약한 수학자다.
'수열'은 '어떤 일정한 규칙에 따라
배열된 수의 열'을 뜻한다.

Q **문제**
다음의 수열에서 A, B에 들어갈 수는?

1　1　2　3　5　A　13
21　34　B ……

→ 답은 95페이지에

토끼의 수는?

● '한 쌍의 토끼가 태어난 지 두 달째부터 한 달마다 한 쌍의 토끼를 낳는다. 도중에 죽는 토끼가 없다고 가정했을 때 1년 동안 몇 쌍의 토끼가 생길까?'

이 문제를 그림으로 표현하면, 토끼 쌍의 수는 1　1　2　3　5　8　13　21　34　55……라는 수열을 이룬다. 1년 후에는 토끼가 233쌍이 된다. 이 수열의 이웃하는 두 수로 분수를 만들면 1/1　2/1　3/2　5/3　8/5　13/8　21/13　34/21　55/34가 되는데, 이는 점점 황금비(→p.80)인 1.618에 가까워지는 수치다.

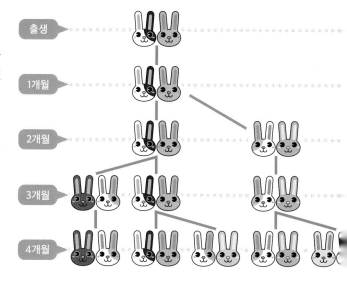

출생

1개월

2개월

3개월

4개월

피보나치수열의 규칙성

● 피보나치수열은 0 1 1 2 3 5 8 13 21 34 55 89 144 233……으로 수가 배열된다. 이웃하는 수끼리는 다음과 같은 관계가 성립한다.

▶ 첫 번째 '0'과 두 번째 '1'을 더하면 '1'

▶ 두 번째 '1'과 세 번째 '1'을 더하면 '2'

▶ 세 번째 '1'과 네 번째 '2'를 더하면 '3'

이처럼 '어느 수와 그 앞의 수를 더하면 그다음 수가 된다'.

빨간 선 방향의 나선에는 씨앗이 55개, 파란 선 방향의 나선에는 씨앗이 34개

자연계에서 찾아볼 수 있는 피보나치수열!

꽃잎

솔방울

더 알아보기

등차수열, 등비수열

2 5 8 11 14 ……처럼 똑같은 수 (이 경우에는 3)를 차례로 더해가면서 생기는 수열을 '등차수열' 이라고 한다.

2 4 8 16 32 ……처럼 똑같은 수 (이 경우에는 2)를 차례로 곱해가면서 생기는 수열을 '등비수열' 이라고 한다.

식물의 규칙성

● 피보나치수열은 자연계에서 흔히 찾아볼 수 있다.

▶ 가운데 사진: 해바라기 씨는 21개, 34개, 55개, 89개……의 나선들로 이루어져 있다.

▶ 꽃잎의 수는 3장, 5장, 8장, 13장인 경우가 많다.

▶ 솔방울에는 나선 모양의 무늬가 있는데, 시계방향의 나선이 8개이고 반시계 방향의 나선이 13개다.

5. 소수란?

2, 3, 5, 7, 11, 13……처럼 1과 그 수 자신 외에는
약수(나눌 수 있는 수)가 없는 자연수를 소수라고 한다.
다만 1은 소수로 다루지 않는다. 소수가 무한히 존재한다는
사실은 고대 그리스 시대부터 알려져 있었다.

일본 문화 속의 소수

● 일본 문화 속에서는 소수를 흔히 찾아볼 수 있다. 예를 들어 하이쿠(일본의 전통 정형시-역주)는 '5, 7, 5조'로 되어 있다. 5와 7과 5를 더한 17도 역시 소수다. '5, 7, 5, 7, 7조의 31음'으로 이어지는 단카(일본의 전통 정형시-역주)에서도 31이라는 소수를 찾아낼 수 있다. '3, 3, 7박수'의 박수 수를 합하면 13으로, 이 또한 소수다.

7개, 5개, 3개의 조합으로 배치된 돌

교토 료안지(龍安寺)의 정원에 배치된 돌은 '칠오삼 배치'라고 불린다. 이는 7개, 5개, 3개의 돌 조합을 상징한다.

※ 료안지의 정원은 어느 방향에서 보든 적어도 한 개 이상의 돌이 가려져서 보이지 않게 되는 것으로 유명하다. 사진에서도 모든 돌이 보이는 것은 아니다.

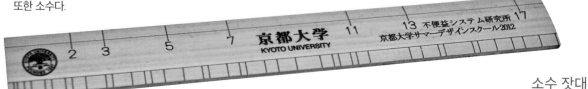

소수 잣대
소수 눈금밖에 없는 잣대. 교토대학교에서 만들었다.

사진 제공: 교토대학교 생활협동조합

1부터 100 사이의 소수

● 어떤 수가 소수인지 아닌지 알려면 각 수마다 약수가 있는지 없는지 조사해야 한다.
아래의 표는 1부터 100까지의 수의 약수를 정리한 것이다.

숫자	1과 그 수 자신 외의 약수	숫자	1과 그 수 자신 외의 약수	숫자	1과 그 수 자신 외의 약수
1	없음	36	2, 3, 4, 6, 9, 12, 18	70	2, 5, 7, 10, 14, 35
2	소수	37	소수	71	소수
3	소수	38	2, 19	72	2, 3, 4, 6, 8, 9, 12, 18, 24, 36
4	2	39	3, 13		
5	소수	40	2, 4, 5, 8, 10, 20	73	소수
6	2, 3	41	소수	74	2, 37
7	소수	42	2, 3, 6, 7, 14, 21	75	3, 5, 15, 25
8	2, 4	43	소수	76	2, 4, 19, 38
9	3	44	2, 4, 11, 22	77	7, 11
10	2, 5	45	3, 5, 9, 15	78	2, 3, 6, 13, 26, 39
11	소수	46	2, 23	79	소수
12	2, 3, 4, 6	47	소수	80	2, 4, 5, 8, 10, 16, 20, 40
13	소수	48	2, 3, 4, 6, 8, 12, 16, 24	81	3, 9, 27
14	2, 7	49	7	82	2, 41
15	3, 5	50	2, 5, 10, 25	83	소수
16	2, 4, 8	51	3, 17	84	2, 3, 4, 7, 12, 21, 28, 42
17	소수	52	2, 4, 13, 26	85	5, 17
18	2, 3, 6, 9	53	소수	86	2, 43
19	소수	54	2, 3, 6, 9, 18, 27	87	3, 29
20	2, 4, 5, 10	55	5, 11	88	2, 4, 8, 11, 22, 44
21	3, 7	56	2, 4, 7, 8, 14, 28	89	소수
22	2, 11	57	3, 19	90	2, 3, 5, 6, 9, 10, 15, 18, 30, 45
23	소수	58	2, 29		
24	2, 3, 4, 6, 8, 12	59	소수	91	7, 13
25	5	60	2, 3, 4, 5, 6, 10, 12, 15, 20, 30	92	2, 4, 23, 46
26	2, 13			93	3, 31
27	3, 9	61	소수	94	2, 47
28	2, 4, 7, 14	62	2, 31	95	5, 19
29	소수	63	3, 7, 9, 21	96	2, 3, 4, 6, 8, 12, 16, 24、32, 48
30	2, 3, 5, 6, 10, 15	64	2, 4, 8, 16, 32		
31	소수	65	5, 13	97	소수
32	2, 4, 8, 16	66	2, 3, 6, 11, 22, 33	98	2, 7, 14, 49
33	3, 11	67	소수	99	3, 9, 11, 33
34	2, 17	68	2, 4, 17, 34	100	2, 4, 5, 10, 20, 25, 50
35	5, 7	69	3, 23		

6. 마방진이 뭘까?

수를 가로·세로 3×3이나 4×4 등의 정사각형 모양으로 나열해서 가로, 세로, 대각선으로 배열된 각각의 수를 합한 값이 모두 같아지도록 만든 것을 마방진이라고 한다. 이 사진은 가로, 세로, 대각선 방향의 수를 합한 값이 모두 34다.

Q 문제

🙁와 🙂에 들어갈 숫자는?

7	2	11	14
🙁	13	8	1
6	3	10	🙂
9	16	5	4

→ 답은 95페이지에

더 알아보기

3 3 마방진의 숫자

1~9의 숫자를 사용해서 만들 수 있는 가장 작은 마방진은 3×3 마방진이다. 3×3 마방진은 각 줄의 합이 15가 되는 오른쪽의 한 종류밖에 없다. 반면에 4×4 마방진은 880가지, 5×5 마방진은 275,305,224가지가 존재한다고 알려져 있다.

8	1	6
3	5	7
4	9	2

만들어 보자! **홀수 눈금의 마방진을 만드는 법**

① 세로와 가로의 눈금 수가 홀수인 틀을 만든다. 가장 위쪽 줄의 가운데 칸에 1을 적는다.

		1		

② 이어서 2, 3, 4, 5……의 순서로 숫자를 적어나간다. 이때 다음과 같은 규칙을 따른다.

● 앞에 적은 숫자의 칸에서 오른쪽으로 한 칸, 위쪽으로 한 칸 이동한 후 다음 숫자를 적는다.

● 위쪽으로 더 이상 이동하지 못할 때는 제일 아래 칸으로 이동한다.

● 오른쪽으로 더 이상 이동하지 못할 때는 제일 왼쪽 칸으로 이동한다.

● 이렇게 이동한 칸에 이미 숫자가 쓰여 있을 때는 이동하기 전의 칸으로 돌아간 후 아래로 한 칸 이동해서 다음 숫자를 적는다.

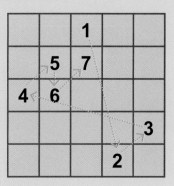

③ 이렇게 하면 가로, 세로, 대각선 등 모든 줄의 합이 똑같아지는 마방진이 완성된다. 이 규칙만 알고 있으면 마방진을 쉽게 만들 수 있다.

17		**1**	**8**	**15**
23	**5**	**7**	**14**	**16**
4	**6**	**13**		**22**
10		**19**	**21**	**3**
11		**25**	**2**	

길거리에 있는 마방진

스페인의 성가족 성당에 설치되어 있는 마방진. 한 줄의 합계는 33이다.

효고 현 니시와키 시의 '일본의 배꼽 공원'(지리적으로 일본의 가장 중심이 되는 곳)의 마방진은 '동경 135도'에 위치해 있음을 강조하기 위해 어느 쪽이든 연속된 다섯 칸의 수를 합하면 135가 되도록 만들었다.

사진 제공 : 니시와키시 관광협회

일본의 배꼽마방진입니다!

마방진? 의 숫자 동경135도 북위 35도

가로·세로·대각선 다섯칸씩 어느 쪽으로 더해도 135라는 수가 됩니다.

32	15	28	36	24	32	15	28	36	24	32	15	28	36	24	32	15	28	36	24	32	15	28	36	24
38	21	34	17	25	38	21	34	17	25	38	21	34	17	25	38	21	34	17	25	38	21	34	17	25
19	27	35	23	31	19	27	35	23	31	19	27	35	23	31	19	27	35	23	31	19	27	35	23	31
20	33	16	29	37	20	33	16	29	37	20	33	16	29	37	20	33	16	29	37	20	33	16	29	37
26	39	22	30	18	26	39	22	30	18	26	39	22	30	18	26	39	22	30	18	26	39	22	30	18
32	15	28	36	24	32	15	28	36	24						32	15	28	36	24	32	15	28	36	24
38	21	34	17	25	38	21	34	17	25	Center of Japan 북위 35도					38	21	34	17	25	38	21	34	17	25
19	27	35	23	31	19	27	35	23	31						19	27	35	23	31	19	27	35	23	31
20	33	16	29	37	20	33	16	29	37	일본의 '배꼽' 동경135도 일본 표준시 자오선					20	33	16	29	37	20	33	16	29	37
26	39	22	30	18	26	39	22	30	18						26	39	22	30	18	26	39	22	30	18
32	15	28	36	24	32	15	28	36	24	32	15	28	36	24	32	15	28	36	24	32	15	28	36	24
38	21	34	17	25	38	21	34	17	25	38	21	34	17	25	38	21	34	17	25	38	21	34	17	25
19	27	35	23	31	19	27	35	23	31	19	27	35	23	31	19	27	35	23	31	19	27	35	23	31
20	33	16	29	37	20	33	16	29	37	20	33	16	29	37	20	33	16	29	37	20	33	16	29	37
26	39	22	30	18	26	39	22	30	18	26	39	22	30	18	26	39	22	30	18	26	39	22	30	18

7. 눈으로 보는 2진법

일반적으로는 **0**부터 **9**까지의 숫자 열 개로 수를 나타내지만,
0과 1만으로 수를 표현하는 방법도 있다.
이를 '**2진법**'이라고 한다. **0→1→10→11→100**처럼
1 다음에 바로 자릿수가 하나 늘어나는 방법이다.

만약 숫자가 0과 1밖에 없다면?

● 숫자가 0과 1밖에 없다면 1+1=2라고 표기할 수 없다. 3, 4, 5, 6, 7, 8, 9라는 숫자도 없기 때문에
1 다음으로 큰 숫자는 10이 된다. 그다음으로 큰 숫자는 10+1=11이 된다. 2라는 숫자가 없기 때문
에 11+1은 12라고 표현할 수 없다. 13, 14…20…99라는 숫자도 없기 때문에 11+1=100이 된다.

1엔을 두 개 넣으면 10엔이 되는 신기한 상자

● 계산식으로 생각하면 어렵게 느껴지는 2진법이지만,
'신기한 상자'를 사용해서 시각적으로 살펴보면 이해하기
쉽다.
오른쪽 그림처럼 1엔짜리 동전을 두 개 넣으면 10엔짜리
로 변하는 '신기한 상자'를 떠올려본다.
그리고 이 상자에 10엔짜리 동전을 두 개 넣으면 100
엔짜리 동전이 되고, 100엔짜리 동전을 두 개 넣으면
1,000엔짜리 지폐로 변한다.
그러면 1엔짜리 한 개와 10엔짜리 한 개를 넣으면 어떻게
될까? 1엔짜리든 10엔짜리든 두 개가 모이지 않으면 변
하지 않기 때문에 이 경우에는 그대로 11엔이 나오게 된
다. 이와 마찬가지로 1엔짜리 한 개, 10엔짜리 한 개, 100
엔짜리 한 개를 넣어도 그대로 111엔이 나오게 된다.
머릿속에서 여러 가지 예를 떠올려보자.

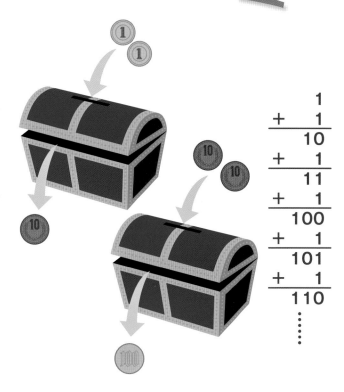

$$
\begin{array}{r}
1 \\
+\ 1 \\
\hline
10 \\
+\ 1 \\
\hline
11 \\
+\ 1 \\
\hline
100 \\
+\ 1 \\
\hline
101 \\
+\ 1 \\
\hline
110 \\
\vdots
\end{array}
$$

Q 다음 1 ~ 9 에 들어갈 숫자는?

10진법	0	1	2	3	4	5	6	7	8	9	10	11	13	**2**	20
2진법	0	1	10	11	100	101	110	111	1000	1001	1010	**1**	1101	1111	**3**

2진법의 10 + 10=10진법의 **4**   2진법의 11 + 100 = 10진법의 **6**

2진법의 1 + 10 + 11=10진법의 **5**   2진법의 10 - 1 = 10진법의 **7**

→ 답은 95페이지에

2진법을 활용하자!

● 10진법으로는 양손을 사용해도 20까지밖에 셀 수 없지만, 2진법을 사용하면 한 손으로 31까지 셀 수 있다. 그 방법은 아래와 같다.

1 손가락을 펴지 않은 상태를 0, 손가락을 편 상태를 1이라고 한다. 그러면 다섯 손가락으로 2진법의 다섯 자리 수까지 셀 수 있다.

2진법	00000	00001	00010	00100	01000	10000	11111
손가락 모양	주먹	엄지손가락 펴기	집게손가락 펴기	가운뎃손가락 펴기	약손가락 펴기	새끼손가락 펴기	모든 손가락을 펴기
10진법	0	1	2	4	8	16	31

2 각 손가락을 조합하면 2진법으로 00000(=0) ~ 11111(=10진법의 31)을 표현할 수 있다.

한 손으로 31까지 셀 수 있는 방법

예

00011
(=10진법으로 3)

00101
(=10진법으로 5)

00110
(=10진법으로 6)

11110
(=10진법으로 30)

더 알아보기

컴퓨터는 2진법?

컴퓨터의 스위치에서 ⏻마크를 본 적이 있는가? 이 원과 막대는 각각 '0'과 '1'을 상징한다. 전기가 끊어져 있는 상태가 0이고, 전기가 연결된 상태가 1이다. 컴퓨터에서는 이 0과 1의 상태를 만들어냄으로써 여러 가지 일을 할 수 있게 된다. 0과 1의 단위를 비트(bit)라고 하는데, 초기의 컴퓨터는 8비트 컴퓨터였다. 8비트는 0 또는 1이라는 두 가지 상태가 8제곱($2×2×2×2×2×2×2×2$)이 되어, 총 256가지의 일을 할 수 있다는 뜻이다. 현재의 컴퓨터는 32비트이므로 훨씬 많은 일을 할 수 있게 되었다.

11페이지 태양

18페이지

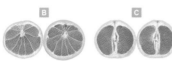

24페이지

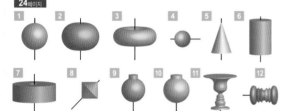

34페이지 1 F, 2 B, 3 H, 4 C, 5 E, 6 K
7 H, 8 I, 9 J, 10 L, 11 A, 12 G, 13 A, 14 D

39페이지

찰흙 덩어리를 막대처럼 늘리고
자로 잰 후 5등분한다.

40페이지

Q1   Q2

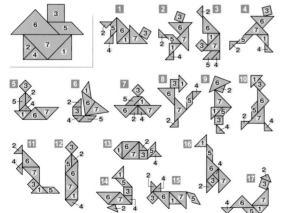

46페이지 1 과 6, 2 와 5, 3 과 4

52페이지 1 할 수 있다. 2 할 수 없다. 3 할 수 있다. 4 할 수 없다. 5 할 수 있다. 6 할 수 있다. 7 할 수 있다. 8 할 수 있다. 9 할 수 있다.

58페이지 약 16cm

끈의 길이를 늘였을 때 지구 표면에서 떨어지는 거리를 x, 끈의 길이를 a, 지구 반지름을 r 이라고 한다.

$$a = 2\pi r, a + 1 = 2\pi(r + x)$$
$$2\pi r + 1 = 2\pi r + 2\pi x$$
$$1 = 2\pi x$$
$$x = \frac{1}{2\pi}$$
$$x = \frac{1}{2 \times 3.14}$$
$$x = \underline{0.159.....(m)}$$
└─── 약 16cm

60페이지 넣을 수 없다(같은 넓이이므로).

69페이지 1 초등학교 5학년 남학생 50m 달리기(전국 평균): 약 19.19km/h **vs** 여자 마라톤 세계기록의 평균 속도: 약 18.70km/h

2 초등학교 5학년 여학생 50m 달리기(전국 평균): 약 18.69km/h **vs** 남자 평영 50m 세계기록: 약 6.73km/h

3 프로 야구 투수가 던지는 공: 약 150km/h **vs** 배드민턴의 스매시: 300km/h 이상

4 탁구의 스매시: 약 100km/h **vs** 배드민턴의 샷: 약 100km/h

5 고속도로의 법정 최고 속도: 100km/h **vs** 치타가 달리는 속도: 약 110km/h

6 스피드 스케이트 선수(500m 레이스): 약 52.88km/h **vs** 우사인 볼트(100m 달리기): 약 37.58km/h

7 경주마의 평균 속도: 약 60~70km/h **vs** 여자 소프트볼 일본 대표 투수가 던지는 공: 약 105~120km/h

8 스키점프(도약할 때): 약 90km/h **vs** 자전거 로드레이스의 평균 속도: 약 40km/h

9 봅슬레이 4인승(최고 속도): 약 150km/h **vs** 모터사이클 로드레이스(최고 속도): 약 330km/h

10 첩보제트기의 순항속도: 약 900km/h **vs** 우주왕복선(지구 둘레를 돌 때): 2만 8,800km/h

86페이지 A 8, B 55

90페이지 = 12, = 15

93페이지 1 1011, 2 15, 3 10100, 4 4, 5 6, 6 7, 7 1

눈으로 배우는 수학

초판 1쇄 발행 | 2016년 8월 19일
개정 1쇄 발행 | 2021년 2월 15일

편   저 | 어린이클럽
감   수 | 시미즈 요시노리
옮긴이 | 이용택

발행인 | 이선이
발행처 | 이너북

편   집 | 이선이
마케팅 | 김집
디자인 | 황지은

등록 | 제 313-2004-000100호
주소 | 서울시 마포구 백범로 13, 305-2호(신촌르메이에르타운Ⅱ)
전화 | 02-323-9477, 팩스 02-323-2074
E-mail | minnerbook@naver.com
블로그 | http://blog.naver.com/innerbook
포스트 | http://post.naver.com/innerbook
페이스북 | https://www.facebook.com/innerbook

ISBN | 979-11-884141-19-2 63410

＊ 책값은 뒤표지에 있습니다.
＊ 잘못되거나 파손된 책은 서점에서 교환해 드립니다.

이너북 주니어는 이너북출판사의 어린이책 브랜드입니다.